武陵山区珍稀特色植物

The collection of precious and special plants in the Wuling mountainous area

朱宁华 李家湘 张 斌 编著

中国林业出版社

《武陵山区珍稀特色植物》
编写组成员

组　长　田华玉

副组长　李际平　谭晓风　陈生健　阙道文

主　编　朱宁华　李家湘　张　斌

副主编　许娜子　王利宝　唐苏慧　宋　莹

编委（核心成员）

喻勋林　黄宏全　廖博儒　易晶星

庄昌盛　赵　波　姚金雨　周化玉

徐永福　臧　卓　刘瑞峰　黄妮娜

宋志光　江方明　张德松　张元喜

钟　毅　陈立新　张恭平　李核龙

罗　奎　贵树斌　张晓君　景美清

曾　琴　王佩兰　谭　自

图书在版编目（CIP）数据

武陵山区珍稀特色植物 / 朱宁华, 李家湘, 张斌编著.
-- 北京 : 中国林业出版社, 2015.5

ISBN 978-7-5038-7941-8

Ⅰ. ①武… Ⅱ. ①朱… ②李… ③张… Ⅲ. ①山区—珍稀植物—研究—西南地区 Ⅳ. ①Q94

中国版本图书馆CIP数据核字(2015)第067066号

责任编辑： 贾麦娥

出版发行： 中国林业出版社

（100009 北京西城区刘海胡同7号）

http://lycb.forestry.gov.cn

电　　话： 010-83143562

装帧设计： 张　丽

印　　刷： 北京卡乐富印刷有限公司

版　　次： 2015年5月第1版

印　　次： 2015年5月第1次

开　　本： 787mm × 1092mm　1/16

印　　张： 10.5

字　　数： 270千字

定　　价： 160.00元

序1

植物是自然生态系统的核心组成部分，是人类赖以生存的物质基础，是现代生物产业的基础性资源，是生态安全的重要屏障。保护生物多样性，维护地球生态平衡，是人类当前的首要任务。但是，随着经济的快速发展和人口的急剧增长，资源过度利用、环境恶化等严重影响着物种生存和生物资源的可持续利用，维持自然系统中物种多样性和生态系统的安全稳定性逐渐成为世界各国关注的热点和难点问题。

2008年，国务院从战略层面将武陵山片区划为全国生物多样性生态功能区，并于2011年启动《2011-2020年武陵山片区区域发展与扶贫攻坚规划》，明确提出要把武陵山片区建设成为长江流域的重要生态安全屏障。为确保武陵山区的植物多样性及其生态安全屏障功能，建设武陵山国际知名生态文化旅游区，2012年，张家界市科学技术局（张家界市植物应用与保护科学技术研究所）、中南林业科技大学、张家界武陵源风景名胜区和国家森林公园管理局等3家单位联合承担实施了湖南省科技重大专项"武陵山区珍稀濒危植物保育关键技术研究与示范"（2012FJ1005），该项目以扩大珍稀濒危植物种群为主要目标，实现武陵山区濒危植物种群的就地保护、迁地保护和野外回归，建立濒危植物物种保育技术体系。武陵山区因其特殊的地质地貌因素造就了多样的生态环境，孕育着丰富的珍稀特色植物，有的仍"待字闺中"而不识，有的却深知宝贵而未物尽其用，有的则被无知者肆意践踏，实感可惜。识别和认知珍稀濒危植物是众多工作得以开展的基础和保证，《武陵山区珍稀特色植物》一书收录了246种该区域的主要珍稀植物物种，详细阐述了每种珍稀特色植物的生境和用途，图文并茂，不仅是研究人员及管理工作者的重要参考书，更是生物多样性保护的科普读物。

该书系项目组成员长期深入山区，在艰苦环境下调查研究的结晶。值付梓之际，特作此序，以感谢他们对武陵山区生物多样性保护和张家界风景名胜区可持续发展所作的突出贡献！

2015年4月

序2

武陵山地处我国大地形第二台阶向第三台阶的过渡带，是东亚植物区系成分汇集、扩散和迁移的重要通道；且北踞秦岭、大巴、巫山诸山，阻隔北方冷空气入侵，地形相对封闭，成为第四纪冰期第三纪古老植物幸存的避难所，武陵山植物区系是富集中国植物区系（以至东亚植物区系）的精华地区，其中银杏科（Ginkgoaceae）、杜仲科（Eucommiaceae）、珙桐科（Davidiaceae）、青荚叶科（Helwingiaceae）、钟萼木科（Bretschneideraceae）、鞘柄木科（Toricelliaceae）最能代表中国植物区系的表征。据此，武陵山成为全球最具保护价值的11个陆地植物多样性保护地区之一。

《武陵山区珍稀特色植物》确实是一部耗费苦心、历经艰辛的成果，全书收藏之种均以自摄照片为图，大为增色。入选本书之植物多系武陵山或华中植物区系特有种，或是在学术上、观赏上具有卓著价值的物种。珍摄之照片确能表现植物学之特征又极富美感，兼具学术和美学价值。因此，本书在学术评估上可谓基本准确无误，简明扼要地反映了武陵山植物的特色；在美学意义上，本书图片精良，美感强烈，且花果照片需严格掌握物候时机、伺时以动、玉汝于成、来之不易；在科普意义上，本书极富可读性，文字简明扼要，看图识树，一目了然。总之，本书系作者历经多年长期调查采集、翻山涉水、观察研究，辛劳摄影，再经系统总结而成，确系一长期积累、精心独创之作。

该书内容丰富，图文并茂，结构合理，充分反映了我国武陵山区珍稀特色植物的特点，深信，该书的出版对于保护武陵山区的生物多样性，维护国家生态安全，实现自然资源的可持续利用具有重要的现实意义和深远的历史意义。

值本书出版之际，余欣然为序，顺表祝贺。

祁承经

2015年3月

前 言

特色是一个事物或一种事物显著区别于其他事物的风格或形式，是其所属事物独有的特性，由事物赖以依存和发展的特定的、具体的环境因素所决定。珍稀特色植物在地理学上来说，系某区域内所特有的珍贵稀少的植物种类，或者能与地理环境紧密结合形成特殊自然景观、或具有特俗用途、或已融入当地特殊民俗文化的植物种类以及对地方经济发展具有良好推动作用的植物种类等。本书对珍稀特色植物的选择标准为：

(1) 研究区域内所特有分布的植物，具有很强的地域性特征；

(2) 具有丰富文化内涵的植物；

(3) 与特殊地质地貌相结合，形成全国范围内所特有的、罕见的自然景观的植物种类；

(4) 在观赏价值上尤为突出，且尚处野生状态的、狭域分布的资源植物；

(5) 在科学研究上具有特殊价值的植物种类；

(6) 具有特殊的用途（如医药），或在植物经济开发利用方面具有突出贡献的植物种类。

根据以上标准，中南林业科技大学组织相关科技人员多年来对武陵山区植物进行了长期的野外采集，对区内的自然环境和植被资源进行了深入的调查研究，获得了大量的第一手资料，拍摄了数千张珍稀特色植物照片；并对武陵山区的植被与环境、植物多样性与植物资源、珍稀濒危植物及其迁地保护等方面做了大量研究工作。为了进一步加强对武陵山区生物多样性的保护力度，专门有选择性地编辑了这本《武陵山区珍稀特色植物》，以拓宽生物多样性空间，增强公众对生物多样性的保护意识。该书不仅具有严谨的科学体系特征，并且具有科普读物特点，因此适读对象为环境保护及农林业科研工作者或爱好者、山区管理工作者、大中小学生、山区农业技术工作者等。

该书为湖南省科技厅2012年重大项目“武陵山区珍稀濒危植物保育关键技术研究与示范”（2012FJ1005）成果之一。感谢中南林业科技大学林学院森林培育学科在此书的野外调查、图片采集及出版过程中给予的人力财力支持，感谢张家界市政府、张家界市科学技术局、湖南武陵源风景名胜区及国家森林公园管理局、湖南八大公山自然保护区、湖南天门山国家森林公园等单位在此书调查和图片采集过程中给予的大力支持！

本书虽力争精炼、准确，但由于我们水平所限，难免存在疏漏和错误，敬请各界批评指正！

编著者

2015年3月

目　录

概述

GENERAL

武陵山区地处中国第二阶梯东缘，地理坐标为27°28′～30°05′N，107°02′～111°33′E，南至苗岭，北抵巫山，东邻雪峰山，西连大娄山，包括湘鄂川黔四省接壤处约50个县市，总面积约10万km^2，是连接洞庭湖平原和云贵高原的过渡区。

武陵山为褶皱山，地形复杂，历经“印支运动”和“燕山运动”上升为陆地后，又经第三纪以来喜马拉雅和新构造运动的影响而呈当今高中山原地貌，山脉呈东北—西南走向，其地势南北较高，中间稍低，西部起伏缓和，东部倾斜较大。主要山峰在南部有佛顶山（1868m）、梵净山（2577m）；在中部有腊尔山（1120m）、连花山（1119m）、天门山（1518m）和人头山（1327m）；北部有大灵山（1577m）、八大公山（1894m）、七曜山（1988m）和云雾山（1658m）等，是乌江、沅江和澧水的分水岭，平均海拔在1000m左右，最低处沅水河谷仅100余米。其中海拔500m以下者占20%，520～1000m的中低山原占50%，1000m以上中高山原占30%。由于地壳抬高、地表径流丰富及河流切割的影响，地貌具有山岭延绵、顶平谷深、岩陡壁峭、地形崎岖的特点。主要母质为石灰岩、白云灰岩，是长江流域岩溶发育较好、各种岩溶形态广为分布的地区之一，峰林、峡谷、溶洞、暗河等随处可见。著名风景名胜区有武陵源、天门山、猛洞河、奇梁洞、梵净山、佛顶山、乌江峡谷、思南石林以及鄂西滕龙洞、落水洞和成水泉等。

区内主要土壤有红壤、黄壤、黄棕壤、山地灌丛草甸土、石灰土、紫色土、潮土和水稻土等。为中亚热带季风气候，热量充足，降水充沛，湿度大，云雾多，日照少。年均气

温13.1～17.5℃，最冷月4.0～6.3℃，最热月23.6～29.0℃。年均降水量1061～1500mm，其中东部与东北部较多，清江、澧水和沅江流域年均多在1400mm以上；西部乌江和南部沅江舞水流域常1200mm左右。云雾多，年均日照仅1095～1770小时，仅占可照时数的30%左右，其中乌江流域常仅1200小时，无霜期平均210～331天，各气候要素除受纬度控制有差异外，更为地势和地形差别影响。

在中国植被区划上该区属于中亚热带常绿阔叶林南部亚地带，地带性植被为常绿阔叶林，多聚生于沟谷中，生境湿润。植被复杂多样，以常绿林为主，分布在海拔1300m下的广大区域；1300～1900m为常绿落叶阔叶混交林带；1900～2100m为落叶林带；2100～2350m为亚高山针叶林；2350m以上为亚高山灌草甸。森林覆盖率平均26.8%，极不均匀；梵净山、佛顶山一线可达80%。东部除万山、松桃等外，在30%左右；

乌江流域破坏最重，仅12.5%，且水土流失严重。

植物区系区划属华中植物区的“武陵山—巫山亚区”，区系起源古老，为江南古陆的一部分，自中生代起地质环境一直比较稳定，并与邻近的康滇古陆、华夏古陆等共同奠定了古植物区系起源与衍生的基础；这里地形复杂，沟谷纵横，造成各种复杂的生境，是东西和南北植物交汇的通道，也成为许多植物的避难所；再加之该区既为南北亚热带过渡的地区，也是我国地势第二阶梯向第三阶梯过渡的地区，东部沿海的湿润海洋性气候在这里沿地势抬升带来了丰富的降水，又因该地从属华中地区，受到内陆干旱寒冷气候的强烈影响，植被保存较好，植物资源极为丰富。据报道已记载种子植物（不含引种栽培和归化）201科、1005属、4199种（含变种、亚种及变型），且保存有大量第三纪的古老孑遗植物，如珙桐（*Davidia involucrata*）、杜仲（*Eucommia ulmoides*）、伯乐树（*Bretschneidera sinensis*）、银杏（*Ginkgo biloba*）、水杉（*Metasequoia glyptostroboides*）、白豆杉（*Pseudotaxus chienii*）、连香树（*Cercidiphyllum japonicum*）等。同时，该区还是东西和南北植物交汇的场所和重要分布边界，除杜仲、珙桐等华中特有种外，还有大量来自西南、华南、华东、华北的共有种类；在科属水平上以此为北界的有番荔枝科（Annonaceae）、伯乐树科（Bretschneideraceae）、山龙眼科（Proteaceae）、山榄科（Sapotaceae）等及任豆属（*Zenia*）、密花树属（*Rapanea*）、梭罗树属（*Reevesia*）、木瓜红属（*Rehderodendron*）、豆蔻属（*Amomum*）等；以此为南界的有山白树属（*Sinowilsonia*）、锦鸡儿属（*Caragana*）、党参属（*Codonopsis*）、耧斗菜属（*Aquilegia*）、无尾果属（*Coluria*）、独根草属（*Oresitrophe*）等；以此为东界有水青树属（*Tetracentron*）、铁破锣属（*Beesia*）、鞘柄木属（*Toricellia*）、双盾木属（*Dipelta*）、野丁香属（*Leptodermis*）、金钱槭属（*Dipteronia*）、马蹄芹属（*Dickinsia*）、堇叶芥属（*Neomartinella*）、星果草属（*Asteropyrum*）等；而花点草属（*Nanocnide*）、锦带花属（*Weigela*）、万年青属（*Rohdea*）、秤锤树属（*Sinojackia*）、泡

果荠属（*Hilliella*）、白豆杉属（*Pseudotaxus*）等则以此为分布西界。除此之外，区内还分化发育着分布极为狭域的武陵山特有种，如武陵松（*Pinus massoniana* var. *wulingensis*）、粉花唇柱苣苔（*Chirita roseoalba*）、大庸鹅耳枥（*Carpinus dayongina*）、长果秤锤树（*Sinojackia dolichocarpa*）、张家界杜鹃（*Rhododendron zhangjiajieensis*）、天门山杜鹃（*Rhododendron tianmenshanensis*）、索溪峪红果树（*Stranvaesia davidiana* var. *suoxiyuensis*）、五柱绞股蓝（*Gynostemma pentagynum*）、乌足叶铁线莲（*Clematis finetiana* var. *pedata*）、灰绿玉山竹（*Yushania canoviridis*）、光叶珙桐（*Davidia involucrata* var. *vilmoriniana*）、梵净山冷杉（*Abies fanjingshanensis*）等。

各论

SPECIES

爵床科 Acanthaceae　　紫云菜属 *Strobilanthes*

湖南马蓝 *Strobilanthes biocullata* Y. F. Deng & J. R. I.

形态特征： 簇生小灌木，高0.8～2m。叶对生，纸质，羽状脉两面凸起，叶片先端尾尖。花冠蓝紫色，3.5～4cm宽，花冠筒下部弯曲。蒴果。花期7～9月，果期10～12月。

生长习性： 生于200～800m的沟谷湿润崖壁上。

地理分布： 分布广东、广西、湖南。

植物特色： 武陵山区和南岭山地特有种。花色艳丽，性耐阴，可以引入园林栽培。

槭树科 Aceraceae　　槭树属 *Acer*

紫果槭 *Acer cordatum* Pax

形态特征： 小乔木或灌木，小枝紫色或淡绿色。叶纸质或近革质，卵状长圆形或卵形，先端短渐尖，基部心形，近全缘，下面脉腋被丛毛，主脉3；叶柄紫色或淡紫色，无毛。伞房花序有3～5花。翅果张开成钝角或近于水平，小坚果凸起，无毛。

生长习性： 生于海拔300～1300m的山坡疏林中。

地理分布： 分布长江流域以南各地。武陵山区常见。

植物特色： 幼果鲜红夺目，与绿叶相映成趣，颇具观赏价值。

橄榄槭 *Acer elegantulum* W. P. Fang et P. L. Chiu

形态特征： 落叶乔木，树皮粗糙，紫绿色或浅褐色。叶面无毛，橄榄色；叶背浅橄榄色，5裂，稀7裂，裂片三角状卵形或卵形，边缘仅近叶片基部全缘，其余部分均有钝齿。花序淡紫绿色，短圆锥状或圆锥伞房状。小坚果近于球形，脉纹显著，翅内弯呈长椭圆形或长倒卵形，张开常成150°钝角。

生长习性： 生于海拔200～1000m疏林中。

地理分布： 产安徽、福建、江西、广西、贵州、湖南和浙江。武陵山区见于张家界天门山。

植物特色： 叶片秋季转红色，为优良的秋色叶树种。

罗浮槭（红翅槭） *Acer fabri* Hance

形态特征： 常绿乔木，小枝圆柱形，无毛。叶革质，全缘，基部楔形或钝形，先端锐尖或短锐尖，通常不分裂，披针形，长圆披针形或长圆倒披针形。花杂性，花序顶生，伞房状。小坚果凸起，翅与小坚果张开成钝角；果翅常为红色。

生长习性： 生于海拔800～1000m的沟谷、溪边湿润的疏林中，喜暖湿。

地理分布： 分布四川、湖北、贵州、湖南、江西、广东、广西。武陵山区各地均产。

植物特色： 秋实紫红，为优良的庭园观赏树和行道树。

扇叶槭 *Acer flabellatum* Rehd.

形态特征： 落叶乔木；小枝深褐色，无毛。单叶，叶纸质或膜质，基部深心形，长宽近相等，通常7裂，边缘具不整齐的钝尖锯齿，脉腋有丛毛；叶柄长5～7cm，无毛。翅果张开近于水平，连同小坚果长3～3.5cm，小坚果凸起，近于卵圆形。

生长习性： 生于海拔1500～2500m的疏林中、林缘、山谷林下，山坡。

地理分布： 产湖北西部、四川、贵州、云南、广西北部、江西等。在武陵山海拔1200～1700m常成片生长。

植物特色： 木材细密，可供建筑、胶合板等用材。秋叶红艳，叶形美丽，为优良庭园观赏树种。

血皮槭 *Acer griseum* (Franch.) Pax

形态特征： 落叶乔木，树皮赭褐色，薄片脱落。三小叶复叶，纸质，椭圆形或长圆状椭圆形，先端钝尖，边缘有2～3个钝形大锯齿，小叶下面密被毛。聚伞花序；小坚果密被黄色茸毛，近于卵圆形或球形。

生长习性： 喜阳，亦能耐阴。生于海拔1300～1500m的石灰岩山地阔叶林中。

地理分布： 产河南、陕西、甘肃、湖北、湖南和四川。武陵山区见于建始、鹤峰、巴东、张家界和石门。

植物特色： 珍稀濒危树种资源，资源稀少，木材坚硬，可制各种贵重器具；树皮纤维良好。树皮薄纸状剥裂，奇特可观。特别适合小型造景。适植于溪边、池畔、路边、石旁及庭院，具极高的园林观赏价值。

毛果槭 *Acer maximowiczianum* Miq.

形态特征： 落叶小乔木。当年生枝密被疏柔毛。复叶具3小叶；小叶近革质，长椭圆形或长圆状披针形，长7～15cm，宽3～6cm，先端短锐尖，下面被灰色长柔毛；叶柄长3～5cm，密被长柔毛。聚伞花序具3～5花，密被长柔毛。翅果黄褐色，小坚果密被柔毛。

生长习性： 生于海拔800～1450m的山地阔叶林中。

地理分布： 产浙江西北部、安徽南部、江西北部和湖北西部。武陵山区常见于武陵源、永定、桑植。

植物特色： 树冠整齐，秋季树叶呈现深红色，相当艳丽，为优良的园林树种。

杈叶槭 *Acer robustum* Pax

形态特征： 落叶乔木。叶纸质或膜质，基部截形，常7～9裂，先端尾状锐尖，具稀疏、不规则的锐尖锯齿；嫩时两面皆具长柔毛，老叶仅下面脉腋有丛毛；叶柄折断无乳汁，无毛或靠近顶端微被长柔毛。顶生伞房花序。小坚果淡黄绿色，椭圆形；翅与小坚果凸起，张开近水平。

生长习性： 生于海拔1100～1300m的疏林中或林边。

地理分布： 产河南西南部、陕西南部、甘肃南部、湖北西部、四川、云南。武陵山区见于鹤峰、张家界等。

植物特色： 叶形奇特，秋叶美观，可做庭院观赏。

红脉槭 *Acer rubronervium* Y. K. Li

形态特征：落叶乔木，树冠近圆球形。叶较小。花杂性，呈下垂的总状花序，花序顶生。翅呈镰形，与小坚果长2.5cm，张开成钝角或近于水平，小坚果突起。

生长习性：生于海拔1000m的山坡林中。

地理分布：见于武陵山区各地。

植物特色：用做庭园植物。

槭树科 **Aceraceae** 金钱槭属 *Dipteronia*

金钱槭 *Dipteronia sinensis* Oliv.

形态特征： 落叶乔木，冬芽裸露。具对生的奇数羽状复叶，小叶纸质，长圆卵形或长圆披针形，先端锐尖，边缘稀具钝齿，仅叶背的叶脉及脉腋具短的白色丛毛。顶生或腋生圆锥花序，直立，无毛。翅果，周围有圆形或卵圆形的翅，一般一个果梗上会有两个扁形的果实着生，种子圆盘形。

生长习性： 生于海拔1000m以上的湿润林边或疏林中。

地理分布： 产河南西南部、陕西南部、甘肃东南部、湖北西部、四川、贵州等地。武陵山区可见。

植物特色： 中国特有种，国家二级重点保护植物。树冠铺散，枝红褐色，果形奇异，状如古钱，色黄如金，故有金钱槭之称，可引为园林绿化树种。

猕猴桃科 Actinidiaceae　　猕猴桃属 *Actinidia*

紫果猕猴桃 *Actinidia arguta* (Sieb. et Zucc.) Planch. ex Miq.var. *purpurea* (Rehd.) C.F.Liang

形态特征： 木质藤本，通体无毛。髓白色，片层状。叶纸质，椭圆形或阔卵形，先端急尖至渐尖，基部楔形至圆形或截形，两侧常不对称，边缘锯齿浅且圆，齿间常内弯。花黄绿色。果卵球形至长圆形，熟时紫红色，无毛，无斑点，先端有喙。

生长习性： 生于海拔1500m以上的山地林缘、山谷及灌丛中。

地理分布： 产于中国西南地区及陕西、湖北、湖南、广西。武陵山区各地可见。

植物特色： 根、茎皮、果实均可入药，清热解毒，补虚益损。用于治疗慢性肺炎、吐血、月经不调、风湿关节痛。

石蒜科 Amaryllidaceae　　石蒜属 *Lycoris*

黄花石蒜（忽地笑） *Lycoris aurea* (L' Her.) Herb

形态特征： 多年生草本，具地下鳞茎，卵形，鳞茎皮黑褐色。叶宽带状，粉绿色，于花前抽出。伞形花序有花4～8朵顶生，花橙黄色，花被片强度反卷和皱缩；花丝黄色，伸出花被外。蒴果三棱，沿室背开裂。种子近球形，黑色。

生长习性： 喜温暖阴湿气候，稍耐寒。生于海拔500～2500m山坡阴处或岩石上。

地理分布： 产福建、台湾、湖北、湖南、广东、广西、四川、云南。日本和缅甸亦有。武陵山区各地均产。

植物特色： 忽地笑的花语是“希望”，因它在枯死叶落时又开出美丽花朵而得名。其金色灿烂的花朵，形态奇特，颇具观赏价值。其入药有清热解毒、消肿、润肺祛痰、止咳之效。用于治疗肺热咳喘、咯血、肺结核、痈肿疮毒、风湿关节痛等症。

中国石蒜 *Lycoris chinensis* Traub.

形态特征： 多具卵球形鳞茎。叶带状。2枚总苞片倒披针形；伞形花序，花黄色；花被裂片背面具淡黄色中肋，倒披针形，强度反卷和皱缩，雄蕊与花被近等长或略伸出花被外，花丝黄色；花柱上端玫瑰红色。

生长习性： 适宜于各类土壤上栽培，宜半阴，性耐寒。早春出叶，夏季休眠，地上部枯死，开花时无叶。野生于山坡阴湿处。

地理分布： 产河南、江苏、浙江、湖南。武陵山区少见。

植物特色： 用于落叶疏林下自然式布置，或配植多年生混合花境，也可作切花。具解毒消肿、催吐杀虫的功效。

玫瑰石蒜 *Lycoris rosea* Traub et Moldenke

形态特征： 多鳞茎近球形。叶带状，顶端圆。花茎高约30cm；伞形花序有花5朵顶生；花玫瑰红色；花被片6，2轮，狭披针形，稍反卷和皱缩，花被筒极短；雄蕊伸出于花被外，比花被长1/6。蒴果背裂，种子多。

生长习性： 喜阴湿，耐寒。生于阴湿山坡、林缘或石缝中。

地理分布： 产江苏、浙江。武陵山区各地有少量分布。

植物特色： 花色艳丽，花形优美，观赏价值较高，可作盆栽或林下花卉栽植。鳞茎微毒，入药有催吐祛痰、解毒止痛的功效。

漆树科 Anacardiaceae

黄栌属 *Cotinus*

毛黄栌 *Cotinus coggyria* Scop. var. *pubscens* Engl.

形态特征： 灌木。叶纸质，多阔椭圆形，少圆形，先端钝圆或圆形，叶背、沿脉上以及叶柄密被柔毛。圆锥花序顶生，无毛，果梗无毛；果序上不孕花花梗伸长，宿存，纤细如丝状，被长柔毛而呈羽毛状。

生长习性： 喜光，耐寒，耐干旱瘠薄和碱性土壤，但不耐水湿。生于海拔800～1500m的山坡林。

地理分布： 产长江流域及其以南地区。武陵山区石灰岩区域常见。

植物特色： 木材可作黄色染料；树皮和叶可提栲胶。也可作调香原料。嫩芽可食用。秋叶变红，是优良的秋色叶树种。全株入药，有清热、消炎、祛风除湿、散淤止痛的功效。

漆树科 Anacardiaceae　　盐肤木属 *Rhus*

红麸杨 *Rhus punjabensis* Stew. var. *sinica* (Diels) Rehd. et Wils

形态特征： 落叶乔木，树皮灰褐色。奇数羽状复叶，小叶6～12片，叶轴上部具狭翅；长圆形或卵状长圆形，全缘，叶背被少量柔毛或仅脉上被毛；侧脉皆不达边缘。圆锥花序；花白色，球形，密被白色柔毛。核果近球形，略压扁，成熟时暗紫红色，被具节柔毛和腺毛。

生长习性： 生于海拔460～3000m的石灰山灌丛中。

地理分布： 产云南、贵州、湖南、湖北、陕西、甘肃、四川、西藏。武陵山区常见。

植物特色： 药用植物资源。木材白色，质坚，可作家具和农具用材。

五加科 Araliaceae　　楤木属 *Aralia*

食用土当归 *Aralia cordata* Thunb.

形态特征： 多年生草本。地上茎较粗壮，高0.5～3m，亦具长圆柱状根茎。叶为二回或三回羽状复叶；托叶和叶柄基部合生，叶缘具纤毛。圆锥花序大，顶生或腋生，稀疏；花柱5，离生。果实球形，紫黑色，具5棱。

生长习性： 生于海拔1300～1600m的山坡草丛或林荫处。

地理分布： 分布长江流域以南多数地区。

植物特色： 嫩叶有香气，供食用，根供药用，作祛风活血药。

五加科 Araliaceae　　人参属 *Rhizoma*

竹节参 *Rhizoma panacis* Japonici

形态特征： 多年生草本，野生高50～80cm。叶为掌状复叶。根茎呈竹鞭状，扁圆柱形，稍弯曲。花期5～6月，果期7～9月，气微香，味苦、微甜。

生长习性： 野生于海拔1800～2600m的山谷阔叶林中，海拔25m也可引种栽培，在土温至-6℃也能安全越冬并可生长良好。

地理分布： 我国分布于陕西、甘肃、安徽、浙江、江西、福建、河南、湖南、湖北、广西、西藏等地。

植物特色： 药用植物，具有消炎、延缓衰老及降血糖的作用，但也具有微毒。

凤仙花科 Balsaminaceae　　凤仙花属 *Impatiens*

睫毛萼凤仙花 *Impatiens blepharosepala* Pritz. ex Diels

形态特征： 一年生草本。茎直立，不分枝或基部有分枝。叶互生，矩圆形或矩圆状披针形，先端渐尖或尾状渐尖，基部楔形。蒴果条形。

生长习性： 生于山谷水旁、沟边林缘或山坡阴湿处。

地理分布： 产湖南、湖北、江西、安徽。武陵山区海拔200～1600m可见。

植物特色： 药用植物。可医治膝关节风湿疼痛、闭经、骨折。

牯岭（萼）凤仙花 *Impatiens davidii* Franch.

形态特征： 一年生草本。茎粗壮，肉质，直立或下部斜升，有分枝，无毛，下部节膨大，有多数纤维状根。叶互生；叶片膜质，卵状长圆形或卵状披针形，稀椭圆形，先端尾状渐尖，基部楔形或尖，边缘有粗圆锯齿，齿端具小尖，两面无毛，弧状弯曲。蒴果线状圆柱形，长3～3.5cm；种子多数，近圆球形，褐色，光滑。

生长习性： 生于山谷林下或草丛中潮湿处。

地理分布： 产江西、安徽、福建、浙江、湖南、湖北等地。武陵山区广布。

植物特色： 全株入药。具消肿止痛之功效，可医治牙龈肿痛等。

红雉凤仙花 *Impatiens oxyanthera* Hook. f.

形态特征： 一年生草本，全株无毛；茎直立。叶膜质，卵状披针形，边缘有粗锯齿，齿端具小尖。总花梗生于上部叶腋，具2花；有红色或淡紫红色花；直立子房纺锤状。蒴果线形。

生长习性： 生于海拔1900～2200m的林缘或路旁阴湿处。

地理分布： 分布湖南和四川。武陵山区见于张家界天门山。

植物特色： 花较大，粉红色，观赏价值高。

块节凤仙花 *Impatiens pinfanensis* Hook. f.

形态特征： 一年生草本。茎直立，基部匍匐茎，节膨大成球状块茎，生不定根。单叶互生，边缘具疏锯齿，叶面沿叶脉着生小刺。花梗腋生；花淡红色，长约3cm；有侧生萼片2，先端具喙；旗瓣倒卵形，背面中部有龙骨突；翼瓣2裂；唇瓣漏斗状。蒴果条形，有条纹。种子球形，褐色。

生长习性： 生于海拔500～1800m的山谷沟边、林下、溪边等潮湿环境。

地理分布： 产贵州、重庆、湖南。武陵山区见于武陵源、永定、桑植、石门、江口和梵净山等地。

植物特色： 块茎入药，有化瘀止痛、祛风除湿之效。可用于治疗风湿骨痛、伤风感冒、闭经、乳蛾、伤痛骨折等症。此外，花形美观奇特，与绿叶相映成趣，颇具观赏价值。

秋海棠科 Begoniaceae　　秋海棠属 *Begonia*

掌裂叶秋海棠 *Begonia pedatifida* Levl.

形态特征： 多年生草本。叶呈扁圆形至宽卵形。蒴果呈倒卵球形，长约1.5cm，直径约1cm，无毛；种子极多数，小，长圆形，淡褐色，光滑。

生长习性： 生于林下、山坡阴处密林下或林缘阴湿处。

地理分布： 产湖南、湖北、贵州和四川。武陵山区海拔350～1700m均有分布。

植物特色： 药用植物。具有活血、止血、消肿止痛的功效。

小檗科 Berberidaceae 小檗属 *Berberis*

川鄂小檗 *Berberis henryana* Schneid.

形态特征： 落叶灌木。枝常具针刺，刺具3～5叉。单叶，叶厚纸质，椭圆形或倒卵状椭圆形；叶背常被白粉。花黄色，总状花序具10～20朵花；萼片6，2轮，倒卵状；花瓣6。浆果红色，内含种子2。

生长习性： 生于海拔800～2500m的山谷、灌丛、林缘或密林下。

地理分布： 产于湖北、湖南、四川、贵州。武陵山区中山地带可见。

植物特色： 根皮含小檗碱，民间药用代黄连，对多种炎症有疗效，有清热解毒之效，可治痢疾。

石门小檗 *Berberis oblanceifolia* C. M. Hu

形态特征： 落叶灌木；幼枝微具棱。叶簇生于枝顶部，呈倒披针形，长1.5～2.4cm，宽4～6.5mm，叶下面有白粉。伞房花序有5～9花，花序为圆锥状。

生长习性： 生长于石灰岩山地。

地理分布： 产于湖南石门、张家界天门山海拔1200m以上地区。

植物特色： 武陵山区特有树种。

小檗科 Berberidaceae　　红毛七属 *Caulophyllum*

红毛七 *Caulophyllum robustum* Maxim.

形态特征： 多年生草本。根状茎粗壮。茎上互生2叶，二至三回三出复叶，具长柄；小叶肾形，长圆状卵形或阔披针形。花淡黄色，花瓣6。种子球状，直径6～8mm，熟后蓝黑色，外被肉质假种皮。

生长习性： 喜温凉湿润气候，生于海拔900～3500m的林下、山谷沟边。

地理分布： 产东北、华北、华中、华东及西藏。武陵山区中山及亚高山地带可见。

植物特色： 根及根状茎入药，有活血散瘀、祛风、通络止痛、清热解毒的功能。

小檗科 Berberidaceae　　鬼臼属 *Dysosma*

小八角莲 *Dysosma difformis* (Hemsl. et Wils.) T. H. Wang ex Ying

形态特征： 多年生草本。根状茎圆柱形，细长；茎无毛，呈紫红色。茎生叶通常2片，互生，不等大，盾状着生，叶片浅裂或不分裂，基部圆形，叶缘疏生细齿。花簇生于叶基部，花瓣6，淡红色。浆果较小，卵球形。

生长习性： 喜阴，常生于海拔800～1800m的山谷密林下及林缘。

地理分布： 产于四川、贵州、湖北、湖南、广西。武陵山区各地散见。

植物特色： 根状茎入药，有清热解毒、散风祛瘀之效。可用于治疗风热咳喘、扁桃体炎、乳蛾、胃、腹痛、缠腰火丹、毒蛇咬伤、跌打扭伤。

小檗科 Berberidaceae 淫羊藿属 *Epimedium*

湖南淫羊藿 *Epimedium hunanense* (Hand.-Mazz.) Hand.-Mazz.

形态特征： 多年生草本。根状茎粗短。基生三出复叶，小叶3，顶生小叶长椭圆形，先端急尖，基部心形，两侧裂片对称，侧生小叶两侧裂片显著偏斜，叶背具乳突，叶缘有密齿。花黄色；萼片2轮。果长椭球状，宿存花柱长2～3mm。

生长习性： 生于海拔400～1500m的林下。

地理分布： 产于湖南、湖北、广西。武陵山区常见分布。

植物特色： 全草入药，可补肾壮阳，强壮筋骨。用于治疗精少不育、肾虚腰痛、手足麻木、风湿骨痛。

黔岭淫羊藿 *Epimedium leptorrhizum* Stearn

形态特征： 多年生草本。匍匐根状茎有节。基生或茎生一回三出复叶；小叶3，狭卵形，先端长渐尖，基部深心形或心形；叶面无毛，背面有褐色柔毛，常被白粉。花淡红色；萼片2轮。蒴果长卵形，宿存花柱喙状。

生长习性： 生于海拔500～1800m的密林下、灌丛中。

地理分布： 产贵州、四川、湖南、湖北。武陵山区特有。

植物特色： 全株可入药，可补肝肾、强筋骨、祛风清火，用于治疗风湿关节疼痛、劳伤眩晕。

桦木科 Betulaceae　　桦木属 *Betula*

坚桦 *Betula chinensis* Maxim

形态特征： 落叶小乔木。单叶，互生，叶卵圆形或椭圆状卵形，尾状渐尖，具重锯齿，侧脉羽状直出；有托叶。雄花序细长柔荑花序状。果序单生，长圆形，长1～2cm；果苞革质，3裂；小坚果3，椭圆形，两侧具窄翅。

生长习性： 生长于海拔700～3000m的山坡疏林中。

地理分布： 产东北、华北、华中。武陵山区稀见。

植物特色： 木材坚硬，耐冲撞，为优良用材树种；树皮可作染料。

桦木科 Betulaceae

鹅耳枥属 *Carpinus*

大庸鹅耳枥 *Carpinus dayongina* K. W. Liu et Q. Z. Lin

形态特征： 落叶小乔木。小枝纤细。本种接近多脉鹅耳枥，但本种叶细小，披针形，长渐尖，宽1～1.5cm，单锯齿，齿端具毛刺。果苞半卵形或半卵圆形，宽3～4mm。

生长习性： 喜光，天然更新力强，耐干瘠，多生于海拔300～1100m的石灰岩山地或贫瘠立地。

地理分布： 产于武陵山区的张家界天门山、永顺、石门、沅陵等地。

植物特色： 由于该树种木材较坚硬且纹理细密，因此多用于家具、地板及室内装修用材。

伯乐树科 Bretschneideraceae

伯乐树属 *Bretschneidera*

伯乐树 *Bretschneidara sinensis* Hemsl.

形态特征： 落叶乔木。叶互生，奇数羽状复叶，厚纸质或近革质；无托叶。花淡红色，花瓣5，分离；花萼阔钟状，5浅裂。蒴果，3～5瓣裂，果瓣木质；种子大，椭圆球形，橙红色。

生长习性： 喜温凉气候，幼树较耐阴，能耐寒，不耐高温，散生于山地阔叶林中。

地理分布： 产四川、云南、贵州、广西、广东、湖南、湖北、江西、浙江、福建等地区。

植物特色： 国家一级重点保护植物。古老的单种科，残遗种。木材通直，纹理均匀，为优良家具用材。树形美观，花大美丽，可作绿化树种及园林观赏树种。

桔梗科 Campanulaceae 沙参属 *Adenophora*

丝裂沙参 *Adenophora capillaris* Hemsl.

形态特征： 茎单生，茎生叶常为卵形，全缘或有锯齿。花序具长分枝，常组成大而疏散的圆锥花序；花萼筒部球状，花冠细，筒状钟形，淡紫色、淡蓝色或白色；花盘细筒状。蒴果多为球状。

生长习性： 生于海拔1400～2800m的林下、林缘或草地。

地理分布： 产湖北、陕西、四川、贵州及湖南。武陵山区中山地带常见。

植物特色： 根可入药，用于治疗咳嗽痰喘、肺热燥咳、虚痨久咳、阴伤咽干、喉痛。四川巴东一带作桔梗用。

桔梗科 Campanulaceae 金钱豹属 *Campanumoea*

大花金钱豹 *Campanumoea javanica* Bl.

形态特征： 草质攀援藤本，有乳汁。茎无毛，多分枝。叶对生，少数互生，叶心形或心状椭圆形，边缘疏生浅锯齿，极少数全缘。花单生叶腋；花冠白色或浅黄色，内面稍带淡紫色。浆果球状，紫红色，直径15～20mm。

生长习性： 生于海拔400～2400m的向阳山坡、丛林、灌丛中。

地理分布： 产云南、贵州、广西、广东及湖南。印度、不丹、尼泊尔也有。武陵山区散见。

植物特色： 又被称为土人参、土党参。全草入药，可健脾补气、止咳化痰。用于治疗病后体虚、肺虚咳嗽、月经不调、小儿疳积。

金钱豹 *Campanumoea javanica* Bl. subsp. *japonica* (Makino) Hong

形态特征： 草质缠绕藤本，具乳汁，具胡萝卜状根。茎无毛，多分枝。叶对生，心形或心状卵形，有长柄，具浅锯齿。花单生叶腋，花萼与子房分离；花冠上位，白色或黄绿色，内面紫色；子房和蒴果5室。球状浆果紫红色，种子不规则，常为短柱状，表面有网状纹饰。

生长习性： 生于海拔2400m的灌丛或疏林。

地理分布： 亚洲东部热带及亚热带地区。

植物特色： 果实味甜，可食。根有清热、镇静之效，治神经衰弱等症，也可蔬食。

长叶轮钟花 *Campanumoea lancifolia* (Roxb.) Merr.

形态特征： 直立或蔓性草本。浆果，果实相对于花瓣为下位，相对于花萼为上位。子房或果实顶端平截。花萼一部分贴生果实表面，除子房的断面胎座为7外，花萼、花瓣、雄蕊、花柱都是6为主。花顶生或腋生，花萼栉枝状，花丝基部扩大，有毛。

生长习性： 生于海拔1500m以下的林中、灌丛中及草地中。

地理分布： 产云南、华中、华南、华东及台湾。印度尼西亚、菲律宾、越南、柬埔寨、缅甸等地广布。武陵山区各地常见。

植物特色： 根药用，无毒，甘而微苦，有益气补虚、祛瘀止痛之效。

桔梗科 Campanulaceae　　川党参属 *Codonopsis*

川党参 *Codonopsis tangshen* Oliv.

形态特征： 多年生草本，有乳汁。茎基短膨大，有多数瘤状茎痕，根常肥大呈纺锤状或地瓜状，肉质。茎缠绕；叶互生，在小枝上的近于对生，叶片长卵形或披针形，长2～8cm，宽1～4cm，边缘浅钝锯齿。花单生于枝端，与叶柄相对；花黄绿色，内有紫斑，浅裂。蒴果上部短圆锥状，下部近于球状。

生长习性： 生于海拔800～2500m的间的山坡林缘及灌丛中，现已大量栽培。

地理分布： 产湖北西部、湖南西北部、四川、贵州。武陵山区桑植、武陵源、永定、龙山、梵净山可见分布。

植物特色： 根为传统中药，有补中益气、健脾益肺、生津之效。用于治疗脾虚、气血亏损、体乏无力、口渴、泄泻。

忍冬科 Caprifoliaceae　　六道木属 *Abelia*

二翅六道木 *Abelia macrotera* (Graebn. et Buchw.) Rehd.

形态特征： 落叶灌木。叶卵形至卵状椭圆形。叶背中脉及侧脉基部密生白色柔毛，具疏锯齿。聚伞花序集生枝顶；花大，苞片红色；花冠淡红，呈二唇形；雄蕊与花丝不伸出花冠。瘦果状核果被短柔毛，冠以2翅状苞片。

生长习性： 生于海拔600～2200m的路边灌丛、溪边。

地理分布： 产陕西、河南、湖北、湖南、四川、贵州和云南。武陵山区各地可见。

植物特色： 武陵山区特有种。根枝叶有祛风湿、消肿毒、清热燥湿、理气止痛等药效。花大，翅状苞片大且密集，颇具观赏价值。叶，可做“神仙豆腐”，食用。

短枝六道木（蓪梗花） *Abelia uniflora* R. Br.

形态特征： 灌木。小枝纤细，红褐色，枝节上有半环形叶痕。单叶，对生；叶圆卵形，长2～4cm，宽5～16mm，渐尖，基部楔形或钝，全缘且有纤毛，少数有波状浅齿。花单生侧枝顶端叶腋，花冠红色，稍呈二唇。瘦果状核果，果上宿存2萼片增大为翅状。

生长习性： 生长于山坡丛林、灌丛及山顶疏林下。

地理分布： 产陕西、甘肃、河南、广西、四川、贵州和云南。武陵山区各地有分布。

植物特色： 根、果实及花入药，可祛风除湿、理气止痛、清热祛火。用于治疗牙龈肿痛、高热赤眼、风湿骨痛。

忍冬科 Caprifoliaceae 忍冬属 *Lonicera*

金银花（忍冬） *Lonicera japonica* Thunb.

形态特征： 半常绿藤本；幼枝密被黄褐色直糙毛，后脱落呈光红褐色。叶纸质，对生，卵形至长卵形，羽状脉，全缘，有缘毛。花腋生；花冠黄色或白色，长3～5cm，唇形，外被糙毛和腺毛。浆果球形，蓝黑色，径6～7mm。

生长习性： 适应性很强，喜光也耐阴，但不耐高寒干旱；根系发达，萌蘖力强。凡村边、屋侧、撂荒地、荒坡、石山均见生长。

地理分布： 除黑龙江、内蒙古、青海、宁夏、新疆、海南和西藏外，全国其他地区均有分布。日本和朝鲜亦产。

植物特色： 花药用，可清热解暑、降火顺气、杀菌消炎，为传统中药；现医药业已加工为各种成药；又可为饮料。园林上可作棚架走廊配植，亦造型作盆景。

女贞叶忍冬 *Lonicera ligustrina* Wall.

形态特征： 常绿灌木，茎髓心白色，充实，芽鳞多对。叶薄革质，披针形或卵状披针形，叶形和大小多变，同枝条叶从上至下渐小，枝条上部叶为卵状披针形，中脉微下陷或平伏上面有光泽，被短毛。双花腋生，总花梗极短；苞片钻形；花冠黄白色或紫红色，筒状漏斗形；花丝伸出；双萼筒分离。果先红后黑，球形。

生长习性： 生于海拔800～1500m的灌丛或常绿阔叶林中。

地理分布： 产湖南、湖北、广西、四川及云南。武陵山区中山散见。

植物特色： 武陵山区特有种。花蕾及藤茎有清热解毒、消炎利湿、舒筋通络等药效。

蕊帽忍冬 *Lonicera pileata* Oliv.

形态特征： 叶薄革质，形状和大小变异很大，同枝条叶从上至下渐小，枝条上部叶为长圆状披针形，中脉突起，有疏散短腺毛。苞片叶状，条形，杯状小苞包围2枚分离的萼筒；花冠漏斗状，白色。果球形，透明蓝紫色。

生长习性： 生于海拔500～1800m的疏林潮湿处或山坡灌丛中、水青冈及珙桐林下。

地理分布： 产陕西南部、湖北、湖南、广东、广西、四川、贵州和云南。武陵山区各地可见。

植物特色： 武陵山区特有种。良好的地被植物；花蕾、藤茎及叶有清热解毒、祛风除湿、截疟、补肾、通络之效。

细毡毛忍冬 *Lonicera similis* Hemsl

形态特征： 落叶藤本，叶柄和总花梗均被开展的长糙毛和短柔毛，具腺毛，但很快无毛。叶纸质，卵状披针形，叶背被一层密毡毛或短茸毛。双花生于叶腋或枝顶组成总状花序；苞片、小苞片和萼齿均有腺毛。果蓝黑色，卵圆形。

生长习性： 生于海拔600～1800m的山谷溪旁或向阳山坡灌丛。

地理分布： 产陕西、甘肃、浙江、湖南、广西、四川、贵州、云南。缅甸亦产。武陵山区散见。

植物特色： 武陵山区特有种。花药用，是“金银花”中药材的主要来源。

盘叶忍冬 *Lonicera tragophylla* Hemsl.

形态特征： 落叶藤本。叶纸质，长圆形至椭圆形，顶端钝或稍尖，基部窄至下延状，网脉明显。枝顶2叶连合成圆形盘状总苞，两端有尖头。6～9花密集为头状花序生总苞上方；花冠唇形，黄色略红，长5～7cm。果红黄色。

生长习性： 性耐寒。生于海拔1100～1600m的山顶灌丛中。

地理分布： 产河北、陕西、山西、宁夏、安徽、浙江、河南、湖北、四川、贵州、湖南。武陵山区中山地带常见。

植物特色： 花蕾及嫩叶可供药用，有清热解毒、活血通络之效。花序具大形叶状总苞，形奇特，可供观赏。

水红木 *Viburnum cylindricum* Buch.- Ham. ex D. Don

形态特征： 常绿灌木或小乔木，具2鳞片。叶革质，对生，椭圆形至卵状矩圆形，具整齐羽状脉，全缘或中上部疏生不整齐浅齿，无毛，叶背密布红色腺点。顶生复伞花序。果卵圆形，红转蓝黑；核扁，具背沟2、腹沟1。

生长习性： 生于海拔300～1400m的阳坡疏林、山谷、林缘、溪边。

地理分布： 产甘肃、湖北、湖南、广东、广西、四川、云南、贵州及西藏。印度、尼泊尔、缅甸、泰国和中印半岛亦产。武陵山区常见。

植物特色： 武陵山区特有种。叶、树皮、花和根可药用。树皮和果实可提制栲胶。种子可制肥皂，云南民间用其点灯。也用作绿植、小行道树。

蝴蝶戏珠花 *Viburnum plicatum* Thunb. var. *tomentosum* (Thunb.) Miq.

形态特征： 落叶灌木或小乔木，芽、幼枝、叶柄、花序均被簇状毛；芽鳞2。叶对生，纸质，卵圆形或椭圆形；小横脉显现长方块状脉纹；叶缘具较密的三角状锯齿。伞形花序，有4～6蝶形不孕花，具长花梗。果实先红后黑，扁卵圆形；核扁，腹面具1沟，背面具1棱。

生长习性： 生于海拔800～1800m的山谷混交林、山坡及沟谷旁灌丛。

地理分布： 产长江流域各地。日本亦有分布。

植物特色： 本种有大型之不孕花，宛如栩栩如生的蝴蝶飞舞，极具观赏性。根茎有清热解毒、接骨续筋之效，可治疗小儿疳积、淋巴结炎。

合轴荚蒾 *Viburnum sympodiale* Graebn

形态特征： 落叶灌木或小乔木，幼枝、叶柄、花序均被灰褐色鳞秕状簇毛。叶纸质，卵圆形或卵形，具托叶，急尖，具尖锯齿，仅叶背脉上有簇毛；最下一对小侧脉贴近基部而呈掌状5出脉状。聚伞花序周围有蝶形不孕花，无总花梗；花冠辐射状。果先红后紫黑，卵圆形；核稍扁，具1腹沟。

生长习性： 生于海拔1200～2000m的林下或灌丛。

地理分布： 产华中、华东、华南及西南。武陵山区中山地带常见。

植物特色： 可药用，根、茎有清热解毒、消积之效。

石竹科 Caryophyllaceae

剪秋罗属 *Lychnis*

剪秋罗 *Lychnis fulgens* Fisch.

形态特征： 多年生草本，全株被柔毛。根簇生，纺锤形，稍肉质。茎直立，不分枝或上部分枝。叶片卵状长圆形或卵状披针形，基部圆形，稀宽楔形，不呈柄状，顶端渐尖，两面和边缘均被粗毛。蒴果长椭圆状卵形；种子肾形，肥厚、黑褐色，具乳凸。

生长习性： 生于海拔400～2000m的低山疏林下、灌丛草甸阴湿地。

地理分布： 黑龙江、吉林、辽宁、河北、山西、内蒙古、云南、四川等地。日本、朝鲜和俄罗斯（西伯利亚和远东地区）也有。武陵山区常见。

植物特色： 药用植物。具有清热、止痛、止泻的功效。也可作二年生花卉栽培，花大色艳，适宜作花境栽植。

卫矛科 Celastraceae　　南蛇藤属 *Celastrus*

苦皮藤　*Celastrus angulatus* Maxim.

形态特征： 落叶藤状灌木；小枝皮孔密生，斑状。叶厚纸质，近圆形，较大，两面光滑或叶背偶有短柔毛；托叶丝状，早落。花序顶生，呈长而展开的圆锥状。蒴果近球状，含3～6个种子。

生长习性： 生长于海拔500～1500m的阳坡灌丛及林缘中。

地理分布： 产华北、华中、华南及西南。武陵山区中低山地带散见。

植物特色： 藤皮是良好的纤维工业原料，亦可用于造纸；果皮及种子含油，可提炼工业用油；根皮及茎皮可用于制作杀虫剂、灭菌剂，效果较好。

卫矛科 Celastraceae　　卫矛属 *Euonymus*

扶芳藤　*Euonymus fortunei* (Turcz.) H.-M.

形态特征： 常绿藤本灌木。叶薄革质，对生，椭圆形居多，少数为长圆状倒卵形，绿色有光泽，入秋则变为紫红色。聚伞花序。蒴果黄红色，果皮光滑，近球状，成熟时开裂。

生长习性： 蔓延性强；喜温暖，适应性强，能耐干旱。生长于山坡丛林中，多蔓附于林中岩石上或匍匐于地面。

地理分布： 产于江苏、浙江、安徽、江西、湖北、湖南、四川、陕西等地。武陵山区各地常见。

植物特色： 本种四季常绿，叶油绿光亮，入秋则变为紫红色，鲜艳优美，在园林绿化中有很高的应用价值；全株可入药，有强筋补肾、止血等功效；同时也可作为水土保持树种。

石枣子 *Euonymus sanguineus* Loes.

形态特征： 落叶灌木。叶厚纸质，卵形或椭圆形，长4～9cm，宽2.5～4.5cm，叶缘具细密锯齿；叶柄长5～10mm。花白绿色，4数。蒴果扁球状，四棱延伸为扁平的翅；种子具有红色的假种皮。

生长习性： 生长于山地林缘或灌丛中，在石灰岩山地尤为多见。

地理分布： 产于甘肃、陕西、山西、河南、湖北、湖南、四川、贵州和云南。武陵山区中山地带常见。

植物特色： 全年可采，性凉，根皮可作药用，有养阴润肺之效。种子可用于榨油。

三尖杉科 Cephalotaxaceae　　三尖杉属 *Cephalotaxus*

篦子三尖杉 *Cephalotaxus oliveri* Mast.

形态特征： 常绿灌木，高达4m。叶条形，二列，质硬，紧密，下面两条白色气孔带。雄球花6～7聚生成头状花序；雌球花的胚珠通常1～2枚发育成种子。种子倒卵圆形、卵圆形或近球形。

生态习性： 耐湿树种，喜温凉湿润的生境，多生于山谷、溪旁的常绿阔叶林或常绿落叶阔叶混交林下。

地理分布： 分布广东北部、江西东部、湖南、湖北西北部、四川南部及西部、贵州、云南东南部及东北部；越南亦产。武陵山区海拔1200m左右山地可见。

植物特色： 因叶排列得像篦子而得名，国家二级重点保护植物。叶、枝、种子、根可提取多种植物碱，对治疗白血病及淋巴肉瘤等有一定疗效。树形低矮，四季常青，亦作庭园树种。

菊科 Compositae 菊属 *Chrysanthemum*

毛华菊 *Chrysanthemum vestitum* (Hemsl.) Stapf

形态特征： 多年生草本，密被厚实的贴伏短柔毛，后变稀毛。具匍匐根状茎，茎直立，上部有长粗分枝或仅在茎顶有短伞房状花序分枝。下部茎叶花期枯萎；中部茎叶卵形至匙形，中部以上有浅波状疏钝锯齿，中下部茎叶的叶腋常有发育的叶芽。头状花序在茎枝顶端排成疏松的伞房花序；总苞碟状，全部苞片边缘褐色膜质。舌状花白色。

生长习性： 生于海拔340～1500m的低山山坡及丘陵地。

地理分布： 产河南、湖北、湖南及安徽。

植物特色： 全草可用于治疗皮肤瘙痒；花序有清热解毒、消肿明目之效。

菊科 Compositae 小苦荬属 *Ixeridium*

抱茎小苦荬 *Ixeridium sonchifolium* (Maxim.) Shih

形态特征： 多年生草本。茎单生直立，无毛。叶无毛，多为椭圆形，边缘有锯齿。头状花序在茎枝顶端组成伞房花序；总苞含3层无毛苞片，圆柱形；舌状花黄色。瘦果黑色，纺锤形。

生长习性： 生于海拔100～2500m的山坡、平原路旁、河滩地、岩石上或庭院中。

地理分布： 产华北、华中、华东、西南和华南。日本和朝鲜亦产。武陵山区常见。

植物特色： 全草入药，有清热解毒、凉血、活血之功效。

菊科　Compositae　　合耳菊属　*Synotis*

褐柄合耳菊　*Synotis fulvipes* (Ling) C. Jeffrey et Y. L. Chen

形态特征： 多年生草本，根状茎短，木质；营养茎短，被黄褐茸毛。花茎单生，莛状，不分枝，覆黄褐色茸毛。叶近基生，近莲座状，纸质或近革质，倒卵状披针形或近匙形，具波状齿；茎叶小，倒披针状匙形，或退化成狭苞片。头状花序辐射状，2～3个在茎端排成伞房状；总苞钟状，管状花多数；花冠黄色，檐部狭漏斗状；花药线状长圆形；花柱先端具流苏状细长乳头状毛。未成熟瘦果圆柱形。

生长习性： 生于海拔1100m的山谷密林。

地理分布： 产江西、湖南、四川、重庆等地。武陵山区中山地带常见。

植物特色： 药用。

菊科　Compositae　　黄鹌菜属　*Youngia*

红果黄鹌菜　*Youngia erythrocarpa* (Vaniot) Babcock et Stebbins

形态特征： 多为一年生草本，茎单生直立，全茎多分枝且无毛，分枝伞房圆锥花序状。基生叶长倒披针形，大头羽状全裂；茎生叶多数，与基生叶同形；接花序分枝处的叶不裂，长椭圆形；所有叶均疏具皱波状多细胞节毛或脱毛。头状花序在茎枝顶端形成伞房圆锥花序；总苞圆柱状，舌状小花黄色，花冠管外面有白色短柔毛。瘦果红色，纺锤形，向顶渐窄成粗短的喙状物，具纵肋。

生长习性： 生于海拔460～1850m的山坡草丛、沟地及平原荒地。

地理分布： 产长江流域多地。武陵山区散见。

植物特色： 全株具清热解毒的功效。

山茱萸科　Cornaceae　　桃叶珊瑚属　*Aucuba*

斑叶珊瑚　*Aucuba albopunctifolia* Wang

形态特征： 常绿灌木，幼枝绿色，老枝黑褐色。叶厚纸质，倒卵形，叶面具白色及淡黄色斑点，亮绿色；叶背具小乳状突起，淡绿色，具锯齿。圆锥花序顶生，花深紫色，花梗贴生短毛。果卵圆形，熟后红色，发亮。

生长习性： 常生于海拔1300～1800m的林中。

地理分布： 产四川、湖北西部及贵州等地。武陵山区中山地带常见。

植物特色： 叶常绿，具斑点，果鲜红，可作盆景栽培。

堇叶碎米荠 *Cardamine violifolia* O. E. Schulz

形态特征： 一至二年生草本植物。叶膜质，基部呈心形，但生于茎上部的叶片无心形；茎生叶，叶柄基部微扩大。花大，总状花序，花瓣白色，有香味。果梗基部扭转成水平开展；种子椭圆形，长约1mm。

生长习性： 喜湿润环境。生于水沟、溪旁、山谷及林下湿润处。

地理分布： 产湖北、湖南等地。武陵山区海拔500m左右林下可见此种；湖北咸丰、鹤峰等地均有分布。

植物特色： 花形美观，具观赏价值。

葫芦科 Cucurbitaceae 绞股蓝属 *Gynostemma*

五柱绞股蓝 *Gynostemma pentagynum* Z. P. Wang

形态特征： 多年生攀援草本，具短而呈肉质的根茎。茎有棱，被白色长柔毛。卷须丝状，下部被长柔毛，向顶端渐变为无毛，顶端二叉。叶鸟足状，两面疏生柔毛，脉上密生细长柔毛，边缘有稍不整齐的锯齿。

生长习性： 伴生种，生长于灌丛或密林下。

地理分布： 武陵山区常见。

植物特色： 为绞股蓝资源植物的新种。可作药用植物，有提高人体免疫力、抗癌的功效。

葫芦科 Cucurbitaceae　　赤瓟属 *Thladiantha*

大苞赤瓟 *Thladiantha cordifolia* (Bl.) Cogn.

形态特征： 草质藤本，全体被长柔毛；茎多分枝，稍粗壮，具深棱沟。叶片呈卵状心形，顶端渐尖或短渐尖，边缘有不规则的胼胝质小齿。果梗强壮，有棱沟和疏柔毛。果实长圆形，两端钝圆，果皮粗糙，有疏长柔毛。种子宽卵形，长4～5mm，有网纹。

生长习性： 常生于林中、溪旁或山坡上。

地理分布： 产于西藏、云南、广西、广东、湖南。越南、印度、老挝也有。武陵山区海拔800～2600m常见。

植物特色： 药用植物。其块根具有消炎解毒的作用。

虎皮楠科 Daphniphyllaceae　　虎皮楠属 *Daphniphyllum*

虎皮楠 *Daphniphyllum oldhami* (Hemsl.) Rosenth.

形态特征： 灌木或小乔木。叶坚纸质至薄革质，披针形至长圆形，最宽处在中上部，网脉在上面明显凸起，叶面干后常变褐色，叶缘反卷。果呈椭圆形，先端宿存花柱极短，柱向外拳卷状。

生长习性： 常生于山谷、丛林中。

地理分布： 产于长江流域以南海拔140～1400m的林中。朝鲜和日本亦有。

植物特色： 药用植物。其叶具有止咳、解毒的功效。常用于止咳、消肿。

杜英科 Elaeocarpaceae　　猴欢喜属 *Sloanea*

仿栗 *Sloanea hemsleyana* (Ito) Rehd. et Wils.

形态特征： 乔木；顶芽有锈褐色毛。叶缘有显著的不规则钝齿；叶柄长1～3.5cm，秃净无毛。花生于枝顶，总状花序。蒴果木质，近球形，外面密生针刺，成熟时为黄红色；种子椭圆形，有红黄色假种皮。

生长习性： 生长于常绿林里。

地理分布： 产于湖南、湖北、四川、云南及广西。武陵山区海拔1100～1400m山地有大面积生长。贵州的沿河为主要分布区之一。湖北鹤峰亦有分布。

植物特色： 木材细致，花纹独特，可做建筑用材；树大，枝叶繁密，花奇特而果红艳、新颖，可作庭荫树、行道树；结果量大，种子含油量高，可以食用，可推广做油料树种。

杜鹃花科 Ericaceae　　杜鹃属 *Rhododendron*

耳叶杜鹃 *Rhododendron auriculatum* Hemsl

形态特征： 常绿灌木或小乔木，高5～10m，树皮灰色。叶革质。蒴果长圆柱形。花期7～8月，果期9～10月。

生长习性： 生于海拔600～2000m的山坡上或沟谷森林中，喜凉爽湿润的气候。

地理分布： 分布湖南、湖北、四川和贵州。

植物特色： 花朵大而美丽，可以引入园林栽培，具有较高的观赏价值。

金萼杜鹃 *Rhododendron chrysocalyx* Levl. et Vant.

形态特征： 落叶灌木，高1～3m；小枝密被褐色硬毛。叶厚纸质，密生于枝顶，边缘反卷，具细齿，叶下面淡白色，有极细小毛；叶柄长3～5mm，密被褐色糙伏毛；花芽被褐色糙伏毛；伞形总状花序，顶生，花4～7朵；白色或紫红色。蒴果长椭圆形，被淡棕色长伏毛。

生长习性： 生于海拔500～1200m的山地灌丛中、山脊林缘。

地理分布： 产湖北西部和南部、广西北部和贵州南部。武陵山区散见。

植物特色： 花大芳香，或洁白或艳丽，开花期殊为美丽，颇具观赏价值，可作为园林植物栽培。

四川杜鹃 *Rhododendron sutchuenense* Franch.

形态特征： 幼枝被灰色茸毛，无刚毛。叶倒披针状长圆形，先端钝或圆形，上面深绿色，下面苍白色。短总状花序顶生；子房圆锥形。蒴果长圆状椭圆形，绿色。

生长习性： 生于海拔1300～2000m的山脊林缘。

地理分布： 产陕西南部、甘肃东南部及西北部、湖北西北部、湖南西北部、四川东部及贵州。武陵山区中山地带散见。

植物特色： 良好观赏花灌木，根、叶有祛风除湿、止痛之效。用于治疗带下病、月经不调。

天门山杜鹃 *Rhododendron tianmenshanense* C. L. Peng & L. H. Yan

形态特征： 当年生小枝黄褐色，无毛。叶长圆状椭圆形，下面有银白色短茸毛被层及紧贴的鳞片状细毛。顶生短总状花序，花萼小，杯状。

生长习性： 生于海拔约1400m的常绿落叶阔叶林中。

地理分布： 见于武陵山区张家界天门山地区。

植物特色： 优良观赏树种。

大戟科 Euphorbiaceae　　雀舌木属 *Leptopus*

雀儿舌头 *Leptopus chinensis* (Bunge) Pojark.

形态特征： 灌木。叶近圆形、椭圆形或卵状椭圆形，叶上面深绿色，下面浅绿色，无毛；叶柄长2～6mm；托叶小，呈卵状三角形。花小，雌雄同株，单生或2～3朵簇生于叶腋。蒴果圆球形或扁球形。

生长习性： 喜光，干旱和土层瘠薄环境也可生长良好，石灰岩山地亦能生长。通常生长在山地灌丛、林缘、路旁、岩崖或石缝中。

地理分布： 全国多数地区均有分布。武陵山区多见于海拔500～1500m石山荒地。湖北以咸丰、宣恩、鹤峰及巴东分布最多。

植物特色： 生命力强、繁衍快、分布广，既是优良的水土保持林林下植物，也是庭园绿化灌木，具有很高的开发利用价值。叶可制杀虫农药，嫩枝叶有毒。

大戟科 Euphorbiaceae　　守宫木属 *Sauropus*

苍叶守宫木 *Sauropus garrettii* Craib

形态特征： 灌木。叶片膜质或薄纸质，卵状披针形。蒴果倒卵状或近卵状，直径1～2.5cm；种子黑色，三棱状，长约7mm。

生长习性： 生于山地常绿林木或山谷阴湿灌木丛中。

地理分布： 产华中、华南和西南。缅甸、泰国、新加坡和马来西亚等地亦产。武陵山区以沿河、松桃、印江、巴东等地常见。

植物特色： 药用植物，有抗菌、镇咳的功效。

领春木科 Eupteleaceae 领春木属 *Euptelea*

领春木 *Euptelea pleiospermn* Hook.f. et Thoms.

形态特征： 落叶小乔木；有长枝与短枝，小枝无毛，皮孔明显。叶阔卵形，长5～13cm，宽5～9cm，先端渐尖，有1突出尾尖，边缘疏生锯齿，下部或近基部无齿。花簇生，苞片早落；花药红色，比花丝长；子房歪形。翅果，种子卵形，黑色。

生长习性： 适土层深厚肥沃的沙质壤土。多生于气候温暖湿润的山谷、溪边或林缘。

地理分布： 产河南、山西、河北、陕西、甘肃、华东、华中、西南及西藏。印度亦产。武陵山区沟谷地带稀见。

植物特色： 系第三纪残遗的珍稀树种，国家重点保护植物。树姿优美，花果鲜艳夺目，可栽培供观赏。

壳斗科 Fagaceae 青冈属 *Cyclobalanopsis*

曼青冈 *Cyclobalanopsis oxydon* (Miq.) Oerst.

形态特征： 常绿乔木，高达20m。幼枝被茸毛，不久脱落。叶面绿色，叶背被灰白色或黄白色粉及平伏单毛和分叉毛，不久即脱净；叶柄长2.5～4cm。壳斗碗形，包着坚果1/2以上，具6～8条环带，缘具齿裂，被灰褐色茸毛；坚果卵形至近球形。花期5～6月，果期9～10月。本种与多脉青冈近似，但侧脉更多，叶较长大。

生长习性： 生于山坡、山谷杂木林中。

地理分布： 产华中、华东、华南、西南及西藏。印度、尼泊尔、缅甸亦产。武陵山区海拔800～1600m林中多见。

植物特色： 中国特有树种。种仁可制粉料、酿酒。树皮、壳斗可提取栲胶。木材坚重，供建筑、运动器材、农具、家具及细木工等用材。

壳斗科 Fagaceae 水青冈属 *Fagus*

水青冈 *Fagus longipetiolata* Seem.

形态特征： 乔木。树皮呈灰白色。叶卵形，长6～15cm，宽3～6.5cm，稀较小，先端渐尖，基部宽楔形或近于圆形，有时一侧较短且偏斜，叶缘波浪状，有短的尖齿；叶柄长4～7mm。壳斗高1.8～3cm，密被茸毛，总梗长2～7cm。

生态习性： 喜湿润肥沃酸性土壤，生长速度较慢，多见于封禁良好的阔叶老林中。

地理分布： 产秦岭以南、南岭山地南坡以北各地。武陵山地中山地带常见，尤以桑植、印江、江口等地较多。

植物特色： 树形端正，秋叶鲜黄，是长江流域观赏秋色叶的好树种，可用作行道树或行列树栽植；木材供家具、地板、胶合板等用；种子可食用或榨油。

亮叶水青冈 *Fagus lucida* Rehd. et Wils.

形态特征： 落叶乔木，高达22m，胸径1m；树冠开展，大枝平展，分枝低；小枝紫褐色。叶卵形，先端短尖或渐尖，边缘波状，具齿。壳斗小苞片钻形鳞片状。伏贴，有小突尖。

生态习性： 喜多云雾潮湿中山生境，肥沃湿润酸性土壤，常生于阔叶混交林中，但在冷湿、风大的山顶形成单优群落。

地理分布： 产长江北岸山地向南至南岭南坡。武陵山区西部较为集中，主要分布在海拔1000～2000m海拔段。

植物特色： 本种是我国南方山地最优良的水源涵养林种。木材供家具、地板、胶合板等用；种子含油，供食用或工业用。

壳斗科 Fagaceae **栎属 *Quercus***

巴东栎 *Quercus engleriana* Seem.

形态特征： 半常绿乔木。树皮灰褐色，条状开裂。小枝幼时被灰黄色茸毛，后渐脱落。叶片椭圆形至卵状披针形，长8～16cm，宽2.8～5.5cm，顶端渐尖，基部圆形或宽楔形、稀为浅心形，叶缘中部以上有锯齿，有时全缘；叶柄长1～2cm，幼时被茸毛，后渐无毛。雄花序生于新枝基部，雌花序生于新枝上端叶腋。坚果长卵形，高1～2cm，无毛，果脐平凸。

生长习性： 喜温凉湿润，多与亮叶水青冈、曼青冈、香桦等混生。生于山坡、山谷疏林中。

地理分布： 产华中、华东、西南、西藏等地。武陵山区海拔700～1900m为主要分布区；松桃、巴东、咸丰等地多见。

植物特色： 木材坚重，供作桩木、农具、木滑轮等用材；树皮及壳斗可制栲胶。

乌冈栎　*Quercus phillyraeoides* A. Gray

形态特征： 常绿小乔木。叶片革质，倒卵形或窄椭圆形，长2～6（8）cm，宽1.5～3cm，顶端钝尖或短渐尖，基部圆形或近心形，叶缘中部以上具疏锯齿，两面同为绿色，老叶两面无毛或仅叶背中脉被疏柔毛。果卵圆形，果脐平坦或微突起。

生长习性： 喜温凉、湿润的气候，性耐干旱瘠薄，抗风，耐日灼，生于山坡、山顶和山谷密林中，常生于山地岩石上。

地理分布： 产华东、华中、华南、西南等地。日本亦产。武陵山区海拔700～2000m山顶峭壁危岩处多见。

植物特色： 木材坚硬，耐腐，为家具、农具、细木工用材，又为优质木炭材；亦可作山脊水土保持林和防火林带树种。种子可食用、酿酒和作饲料。

刺叶栎　*Quercus spinosa* David ex Franch.

形态特征： 常绿乔木或灌木。小枝幼时被黄色星状毛，后渐脱落。叶面皱褶不平，叶片倒卵形、椭圆形，长2.5～7cm，宽1.5～4cm，顶端圆钝，基部圆形或心形，叶缘有刺状锯齿或全缘，中脉呈“之”形曲折。坚果卵形至椭圆形。

生长习性： 生于山坡、山谷森林中，常生于岩石裸露的峭壁上。

地理分布： 产陕西、甘肃、江西、福建、台湾、湖北、四川、贵州、云南等地。缅甸亦产。武陵山区中山地带常见，尤以恩施、鹤峰等地多见。

植物特色： 可入药，有较强的抗菌作用；种子可用于酿酒。

大风子科 Flacourtiaceae　　山羊角树属 *Carrierea*

山羊角树 *Carrierea calycina* Franch.

形态特征： 落叶乔木。叶革质，长圆形或卵状椭圆形，边缘有稀疏波状锯齿，齿尖有腺体，基出脉3条。圆锥花序顶生。蒴果果瓣木质，微呈羊角状，稍弯曲；果梗粗壮，有关节；种子多，扁平，上端有翅。

生长习性： 生于山坡林中和林缘。

地理分布： 产湖北、湖南、广西等地。武陵山区分布在海拔600～1500m的次生林中。湖南的石门、慈利、武陵源、永定、沅陵等地散见。湖北利川等地亦可见此种。

植物特色： 我国特有树种。树干笔直，木材结构细密，材质优良，供建筑、家具、器具等用；种子榨油供工业用油；果形奇特，形似羊角，供观赏。

龙胆科 Gentianaceae　　龙胆属 *Gentiana*

红花龙胆 *Gentiana rhodantha* Franch. ex Hemsl.

形态特征： 多年生草本，具短缩根茎。茎直立，紫色，具细条棱，微粗糙，上部茎多分枝。基生叶呈莲座状，椭圆形至卵形，叶缘膜质浅波状；茎生叶宽卵形或卵状三角形。花单生茎顶，无花梗；花萼膜质，花冠淡红色，上部有紫色纵纹。蒴果内藏或仅先端外露，淡褐色，长椭圆形，果皮薄；种子淡褐色，具翅。

生长习性： 生于海拔400～1200m的向阳高山灌丛、草地及林下。

地理分布： 产云南、四川、贵州、甘肃、陕西、河南、湖北、湖南、广西。武陵山区常见。

植物特色： 根及全草入药，能清热、消炎、止咳。

苦苣苔科 Gesneriaceae 直瓣苣苔属 *Ancylatemon*

直瓣苣苔 *Ancylatemon saxasilia* (Hemsl.) Craib

形态特征： 多年生草本。根状茎直立，粗而短。叶全部基生，具长柄；叶卵形，具圆齿，叶面被较密的白色短柔毛和锈色疏长柔毛，下面除被白色短柔毛外，沿主脉和侧脉还覆锈色长柔毛。聚伞花序；苞片圆形；黄色花冠筒状；檐部二唇形。蒴果倒披针形，被疏柔毛至近无毛。

生长习性： 生于海拔1650～2100m的阴湿岩石及林下。

地理分布： 湖北西部、甘肃南部及四川东南部、湖南西部和贵州。武陵山区中山地带可见。

植物特色： 全草具清热解毒的功效。

苦苣苔科 Gesneriaceae 旋蒴苣苔属 *Boea*

大花旋蒴苣苔 *Boea clarkeana* Hemsl.

形态特征： 多年生草本。叶基生，具柄；叶片宽卵形，长3.5～8cm，宽2～5cm，基部宽楔形或偏斜，边缘具细齿，叶两面被灰色短柔毛。聚伞花序，1～3条，每花序具1～5花；花梗长5～8mm，被短柔毛；花较大，直径1.2～2cm，淡紫色。蒴果椭圆形，被短柔毛，卷曲呈螺旋状。

生长习性： 生于海拔500～800m的山坡潮湿岩石缝中。

地理分布： 产江西、湖南、湖北、四川及云南西北部。武陵山区石门壶瓶山、张家界天门山、巴东及咸丰可见。

植物特色： 全草药用，治外伤出血、跌打损伤等症。

苦苣苔科 **Gesneriaceae** 粗筒苣苔属 *Briggsia*

革叶粗筒苣苔 *Briggsia mihieri* (Franch.) Craib

形态特征： 叶革质，倒卵形或椭圆形；叶柄盾状着生。聚伞花序腋生；花冠粗筒状，蓝紫色或淡紫色，外面无毛，内面具淡褐色斑纹；花丝疏被腺状短柔毛，花药卵圆形，药室不汇合；花盘环状；子房狭长圆形。蒴果倒披针形，近无毛。

生长习性： 生于海拔560～1710m的阴湿岩石。

地理分布： 产四川南部、贵州、广西和湖南西部。武陵山区中山地带可见。

植物特色： 全草可治跌打损伤。

苦苣苔科 **Gesneriaceae** 唇柱苣苔属 *Chirita*

蚂蝗七 *Chirita fimbrisepala* Hand.-Mazz.

形态特征： 多年生草本，地上根状茎粗壮。叶基生；两侧不对称，宽卵形，边缘有细疏齿，上面密被短柔毛并散生长糙毛。聚伞花序1～4条，有1～5花；苞片狭卵形，被柔毛；花冠淡紫色，在内面上唇紫斑处有2条纵毛；花筒细漏斗状。蒴果长柱形，被短柔毛。

生长习性： 生于海拔300～1200m的山谷林中石上、山崖上或溪边。

地理分布： 产华东、华中和华南。武陵山区各地可见。

植物特色： 中国特有种。根状茎可清热解毒、活血止痛、健脾消食。治小儿疳积、胃痛、痢疾、肺痨、炎症出血。花形美丽，可引为栽培观赏植物。

粉花唇柱苣苔 *Chirita roseoalba* W. T. Wang

形态特征： 多年生草本。基生单叶；草质，长椭圆形，两侧不对称，疏被短糙毛。聚伞花序腋生；苞片2，对生；花萼5裂达基部；花冠白色或粉红色；花筒筒部筒状漏斗形。蒴果线形，室背开裂；种子小，有纵纹。

生长习性： 生于山谷阴坡、溪边及灌丛中。

地理分布： 特产张家界。

植物特色： 武陵山区特有种，花美丽，可作为观赏园林植物。

报春长蒴苣苔 *Didymocarpus sinoprimulinus* W.T.Wang

形态特征： 多年生草本。叶基生；叶圆卵形至倒卵形，长1.5～5cm，宽1.5～4cm，上面被长柔毛，下面被疏柔毛。聚伞花序2～4条，花序梗与叶柄密被长柔毛；花槽斜钟状；花冠粉红色，内面着生2条短柔毛。果长棒状，稍弯曲。

生长习性： 生于山谷阴湿处或石崖上。

地理分布： 产湖南雪峰山、武陵山区天门山。

植物特色： 武陵山—雪峰山特有种。花色美丽，极具观赏价值。

苦苣苔科 Gesneriaceae 半蒴苣苔属 *Hemiboea*

纤细半蒴苣苔 *Hemiboea gracilis* Franch.

形态特征： 多年生草本。茎细弱，有稀疏紫褐色斑点。叶倒卵形或椭圆状披针形，偏斜，长3～15cm，宽1.2～5cm；少量蠕虫状石细胞嵌生于维管束附近。聚伞花序腋生或假顶生，1～3花；花冠粉红色或粉紫色，内侧有紫色斑点，长3～4cm。蒴果线状披针形。

生长习性： 生于海拔300～1300m的山地岩石、河谷、林缘。

地理分布： 产江西西部、湖北西部、湖南、四川和贵州。武陵山区多地可见。

植物特色： 又名地罗草，湖南地区也叫秤杆草。全草可入药，可祛风除湿、消肿驱毒，用于治疗疗疮肿毒、烫伤。

苦苣苔科 Gesneriaceae 吊石苣苔属 *Lysionotus*

桑植吊石苣苔 *Lysionotus sangzhiensis* W. T. Wang

形态特征： 小灌木。茎平卧石上，无毛，分枝被贴伏弯曲短柔毛。叶3枚轮生或对生，具短柄；叶革质，倒披针形至狭长圆形，叶缘上部有小牙齿。花单生枝顶叶腋，花萼钟状；花冠粉红色；花盘环状，边缘浅波状；子房线形。

生长习性： 生于海拔约1380m的山地林下石头上。

地理分布： 产武陵山区的湖南桑植。

植物特色： 武陵山区特有种。

苦苣苔科 Gesneriaceae　　马铃苣苔属 *Oreocharis*

长瓣马铃苣苔 *Oreocharis auricula* (S. Moore) Clarke

形态特征： 多年生草本。叶片长圆状椭圆形，长2～10cm，宽1.5～5cm，边缘具钝齿或近全缘，上面被绢柔毛。聚伞花序分枝，2～5条，每花序具4～11花；花梗长约1cm，微被绢柔毛；花冠长筒状，蓝紫色，被短柔毛。蒴果长约5cm。

生长习性： 生于海拔400～1600m的山谷沟边、溪边及潮湿岩石处。

地理分布： 产广西、江西、湖南、贵州及四川。武陵山区梵净山、天门山以及鹤峰为其主产区之一。

植物特色： 全草民间供药用，治跌打损伤等症。

苦苣苔科 Gesneriaceae　　石山苣苔属 *Petrocodon*

石山苣苔 *Petrocodon dealbatus* Hance

形态特征： 叶纸质，具柄，椭圆状倒卵形至椭圆形，中部以上有小浅齿，或呈波状近全缘。聚伞花序；苞片线形，与花萼皆疏被短伏毛；花梗密被短糙伏毛；花冠白色，坛状粗筒形，外面上部被短柔毛，内面无毛；花药椭圆形。

生长习性： 生于海拔500～1050m的山谷阴处。

地理分布： 产南岭山地和武陵山地。

植物特色： 全草可治咳嗽等症。

银杏科 Ginkgoaceae　　银杏属 *Ginkgo*

银杏 *Ginkgo biloba* L.

形态特征： 落叶乔木。有长短枝之分，叶在短枝上簇生，长枝上散生，扇形，有多数叉状并列细脉，顶端浅至深裂。雌雄异株；雄球花柔荑花序状，下垂；雌球花具长梗。种子椭圆形；外种皮肉质，有臭味；中种皮白色，骨质；内种皮膜质。

生态习性： 喜光树种，深根性，对气候、土壤的适应性较宽，能在高温多雨及雨量稀少、冬季寒冷的地区生长。

地理分布： 栽培分布北起沈阳以南，南迄广州，西至云南、四川，东达沿海。武陵山区多见古树。

植物特色： 中国特有种，种子植物中最古老的孑遗植物，植物活化石，国家一级保护植物。珍贵用材树种；叶的提取物可以“捍卫心脏，保护大脑”。树形优美，叶色美丽，在南北方园林绿化中已广泛应用。

禾本科 Gramineae　　酸竹属 *Acidosasa*

大庸酸竹 *Acidosasa dayongensis* Yi

形态特征： 地下茎单轴型，秆散生，中部每节三分枝。秆环微隆起，秆箨较小，披针形或三角状披针形。叶脉多数，网脉明显。

生长习性： 生疏林或开阔旷地。

地理分布： 武陵山区均有分布。

植物特色： 湖南省张家界特有树种。可作观赏树种。

藤黄科 Guttiferae　　金丝桃属 *Hypericum*

长柱金丝桃 *Hypericum longistylum* Oliv.

形态特征： 灌木。幼枝红色无毛。叶坚纸质，较小，长1～3cm，宽0.6～1.5cm，两面无毛，下面微苍白，有细小腺点。花单生于侧枝顶端。蒴果卵形，种子具有明显的龙骨突起。

生长习性： 生于山坡阳处或沟边潮湿处。

地理分布： 产安徽、河南、湖北、湖南。武陵山区海拔2000m以下灌木丛中常见。

植物特色： 蒴果可入药，有清热解毒、散结消肿之功效。

金缕梅科 Hamamelidaceae　　蚊母树属 *Distylium*

杨梅叶蚊母树 *Distylium myricoides* Hemsl.

形态特征： 常绿灌木或小乔木。嫩枝有鳞毛；芽体无鳞状苞片，外面有鳞垢。叶革质，矩圆形或倒披针形，先端锐尖，上半部有几个齿突，上面暗绿色，下面淡绿色且秃净无毛，叶长5cm以上。蒴果卵圆形，先端尖，2裂或上部4裂；种子褐色，有光泽。

生长习性： 性耐阴，生长于潮湿山地，常散生在常绿阔叶林中，少数聚生成小面积丛林。

地理分布： 分布于长江以南各地。武陵山区海拔500～1200m处可见。

植物特色： 木材硬重而有光泽，供车梁、板车、工具柄、农具等用材。树皮及果皮可提制栲胶。根有消肿之效，可入药。

七叶树科 Hippocastanaceae　　七叶树属 *Aesculus*

天师栗 *Aesculus wilsonii* Rehd.

形态特征： 落叶乔木。树皮平滑，灰褐色。冬芽腋生于小枝的顶端，卵圆形。掌状复叶对生，小叶5～7枚，稀9枚，长圆状倒卵形、长圆形或长圆状倒披针形，稀近于心脏形，边缘有较密且微向内弯的小锯齿。蒴果黄褐色，卵圆形或近于梨形，顶端有短尖头，无刺，有斑点，壳很薄，成熟时常3裂；种子常仅1枚、稀2枚发育良好，近于球形，栗褐色，种脐淡白色，约占种子的1/3以下。

生长习性： 生于山谷阔叶林中。

地理分布： 产华中、华东、华南及西南。武陵山区海拔600～1600m山谷阔叶林中常见，尤以鹤峰、巴东、恩施多见。

植物特色： 又名猴板栗、梭罗树，我国珍稀树种。本种的树冠圆形而宽大，花香浓郁，可以用作行道树和庭园树；木材坚硬细密可制造器具。蒴果可入药，治疗胃痛等。

胡桃科 Juglandaceae 青钱柳属 *Cyclocarya*

青钱柳 *Cyclocarya paliurus* (Batal.) Iljinsk.

形态特征： 乔木，枝条有灰黄色皮孔。裸芽被锈褐色盾状腺体。奇数羽状复叶对生，纸质；顶生小叶长椭圆形至长椭圆状披针形，锐锯齿；叶背被腺体，仅中脉及侧脉被短柔毛。果扁球形，中部围有水平方向径达7cm的翅，果实及翅全部被有腺体。

生长习性： 喜光，生于海拔400～2500m的溪边、沟谷，喜肥沃深厚土壤，对钙质土最能适应，亦具一定抗旱能力。

地理分布： 产华中、华东、华南及西南。武陵山地各地林中可见。

植物特色： 国家重点保护植物。庞大根系可以固堤护坡。嫩叶可代茶；果形如串钱（俗称摇钱树），迎风摇曳，亦可作园林绿化树种。树皮含鞣质，可提制栲胶，亦可做纤维原料；木材细致，可作家具及工业用材。

胡桃科 Juglandaceae 核桃属 *Juglans*

野核桃 *Juglans mandshurica* Maxim.

形态特征： 落叶乔木。小枝髓部片状；裸芽密被黄褐色毛。奇数羽状复叶，叶柄及叶轴被毛；小叶近对生，硬纸质，卵状矩圆形或长卵形，具细锯齿和星状毛。雌性花序直立，生于当年生枝顶，雌花排列成穗状，雄性柔荑花序生于去年生枝顶端叶痕腋下。果卵形，外果皮密被腺毛，内果皮坚硬，有6～8条纵向棱脊，棱脊之间有不规则排列的凸起和凹陷。

生长习性： 喜湿润肥厚土壤，生于海拔600～2000m的山谷阔叶林及疏林中。

地理分布： 产长江流域以南至南岭以北多地。武陵山区广布。

植物特色： 种子油可食用，亦可制肥皂，作润滑油；木材坚实，经久不裂，可做各种家具。树皮和外果皮含鞣质，可作栲胶原料；内果皮厚，可制活性炭；树皮的韧皮纤维可作纤维工业原料。

唇形科 Labiatae 动蕊花属 *Kinostemon*

粉红动蕊花 *Kinostemon alborubrum* (Hemsl.) C. Y. Wu et S. Chow

形态特征： 多年生草本，具匍匐茎。茎多分枝，基部近圆柱形，上部四棱形，无槽，具细条纹，密被平展白色长柔毛。叶卵圆形，具不整齐的粗牙齿，仅叶背脉上密生长柔毛，余部为疏柔毛。总状花序生于腋出侧枝的上端，此花序由具2花、远隔、开向一面的轮伞花序所组成；苞片长仅及花梗之半，被疏柔毛；花冠粉红色，外被白色绵状长柔毛及淡黄色腺点，内面无毛。子房球形。未见成熟小坚果。

生长习性： 生于山坡草丛中。

地理分布： 产湖南和湖北。武陵山区中海拔段偶见。

植物特色： 全草可用于治疗劳伤、风湿疼痛。

唇形科 Labiatae 龙头草属 *Meehania*

龙头草 *Meehania henryi* (Hemsl.) Sun ex C. Y. Wu

形态特征： 多年生草本。茎四棱形，仅幼嫩部分及节上被柔毛。叶具长柄，纸质或近膜质，具疏长柔毛；茎中部的叶较大，具波状锯齿或粗齿。腋生和顶生的假总状花序；苞片小，卵状披针形或披针形，具齿；花冠淡红紫或淡紫色。小坚果圆状长圆形，密被短柔毛，基部具一小果脐。

生长习性： 生于低海拔地区的常绿林或混交林。

地理分布： 产湖北西部、四川东南部、湖南西部及贵州东南部。武陵山区常见。

植物特色： 民间用叶外敷蛇咬伤；根浸酒服，有补血的功效。

唇形科 Labiatae　　糙苏属 *Phlomis*

南方糙苏 *Phlomis umbrosa* Turcz. var. *australis* Hemsl.

形态特征： 多年生草本。根粗厚，须根肉质。茎多分枝，四棱形，具浅槽，紫红色。叶薄，圆卵形至卵状长圆形，有长柄，具圆齿状锯齿，苞片草质，线状披针形。轮伞花序；花冠常粉红色。小坚果无毛。

生长习性： 生于海拔1600～3200m的山坡、草地及沟边。

地理分布： 产华中、华东、华中及西南。武陵山区中高山地带常见。

植物特色： 全草入药，治肠胃炎、肺炎、咳嗽。

唇形科 Labiatae　　鼠尾草属 *Salvia*

鼠尾草 *Salvia japonica* Thunb.

形态特征： 一年生草本。茎钝四棱形。茎上部叶为一回羽状复叶，下部叶为二回羽状复叶。轮伞花序，组成总状花序；花萼筒形，内面在喉部有白色的长硬毛毛环；花冠淡红、淡紫、淡蓝至白色，二唇形；能育雄蕊2，外伸。坚果褐色。

生长习性： 生于海拔220～1100m的山坡、阴蔽草丛、路旁、水边及林荫处。

地理分布： 分布浙江、安徽南部、江苏、江西、湖南、湖北、福建、台湾、广东、广西；日本也有。

植物特色： 药用植物；干叶或鲜叶用作多种食物的调味料。

木通科 Lardizabalaceae 木通属 *Akebia*

三叶木通 *Akebia trifoliata* (Thunb.) Koidz.

形态特征： 落叶藤本，全体无毛。掌状复叶，小叶3片，薄革质，叶缘具波状齿或浅裂。总状花序腋生下垂，萼片3，花瓣状，开花时外反；无花瓣。肉质蓇葖果长圆柱状，成熟时沿腹缝线开裂，种子多数，排成多行，藏于果肉中。

生长习性： 较耐阴，喜温暖湿润气候及排水良好的土壤，生于海拔300～1500m的山谷沟边、灌丛中。

地理分布： 产河北、山西、山东、河南、陕西南部、甘肃东南部至长江流域各地。武陵山区海拔300m以上山地多见。

植物特色： 本种枝体秀美，宜作优良盆栽。果实及根入药，可止痛、疏肝、补肾，治胃痛、疝痛、腰痛、月经不调等症。

木通科 Lardizabalaceae 猫儿屎属 *Decaisnea*

猫儿屎 *Decaisnea insignis* (Griff.) Hook. f. et Thoms.

形态特征： 落叶灌木，直立，少分枝。冬芽形大。奇数羽状复叶，小叶对生，全缘。圆锥花序下垂；花浅绿色，萼片6，2轮，无花瓣；花梗长1～1.5cm。肉质蓇葖果圆柱状，干后表面有多数整齐的横纹，沿腹缝线开裂。种子长约1cm，黑色，有光泽。

生长习性： 生于海拔700～3600m的沟谷、山坡、林下阴湿处。

地理分布： 仅分布在中国西南至中部。武陵山区境内湘西北、湘西南海拔700～1500m可见，贵州江口，湖北咸丰、宣恩、利川、鹤峰、建始、巴东亦有分布。

植物特色： 中国特有种。果味甜，可食，亦可酿酒；果皮可制橡胶用品；种子含油量高，可榨油；根和果可入药，具清热解毒功效，可治疝气。

木通科 Lardizabalaceae 野木瓜属 *Stauntonia*

黄蜡果（山木瓜） *Stauntonia cavalerieana* Gagnep.

形态特征： 常绿木质藤本。掌状复叶，小叶5～9；小叶薄革质，匙形，长5～13.5cm，宽2～5cm，先端骤缩成长尾尖，顶具丝状细尖头；下面粉白色。总状花序长10～20cm；萼片肉质，稍厚。果椭圆形，长5～7.5cm，熟时黄色。

生长习性： 生于海拔450～1500m的山地疏林中。

地理分布： 产于湖南、广西、贵州。武陵山区海拔600～1000m山地常见。

植物特色： 茎藤、叶、果实、根可舒筋活络、解毒解热、利尿，用于治疗风湿关节痛、跌打损伤、小便淋痛、月经不调。

樟科 Lauraceae 黄肉楠属 *Actinodaphne*

红果黄肉楠 *Actinodaphne cupularis* (Hemsl.) Gamble

形态特征： 常绿灌木或小乔木；幼枝有灰褐色柔毛。叶形小，呈长圆形至长圆状披针形，宽1.5～2.7cm，基部渐尖或急尖，上面绿色，有光泽，无毛，下面粉绿色，有灰色或灰褐色短柔毛，后毛被渐脱落，羽状脉，侧脉纤细，斜展，每边8～13条，在下面明显并突起。

生长习性： 生于山坡密林、溪边及灌丛之中。

地理分布： 分布于湖北、湖南、四川、广西（田林）、贵州。武陵山区海拔1100m以下山地可见。湖南以石门、沅陵、慈利等地分布较多。

植物特色： 种子含油脂，可榨油，供制皂及机器润滑等用；性凉，民间外用此种的根、叶治脚癣、烫伤及痔疮等。

樟科 Lauraceae 樟属 *Cinnamomum*

少花桂 *Cinnamomum pauciflorum* Nees

形态特征： 常绿乔木；树皮、小枝和叶常有辛辣芳香气味。叶近对生，卵状披针形，有白粉，近基出三出脉，脉腋常有腺体。果成熟时黑色；果托杯状。

生长习性： 常生于海拔200～1600m的石灰岩及砂岩山地或沟谷阔叶林中。

地理分布： 产华中及南岭山地。武陵山区的湖南境内及印江、梵净山等山地常见。

植物特色： 本种通称山桂皮，树皮可作桂皮，可开胃健脾、调味。木材淡红，略具光泽，纹理直，结构甚细，芳香耐用，可作造船、衣箱、高级家具及细木工材。

樟科 Lauraceae 山胡椒属 *Lindera*

黑壳楠 *Lindera megaphylla* Hemsl.

形态特征： 常绿乔木，树皮灰黑色。枝条圆柱形，粗壮，紫黑色，无毛，散布有木栓质凸起的近圆形纵裂皮孔。叶互生，倒披针形至倒卵状长圆形，羽状脉。伞形花序着生于叶腋具顶芽的短枝，总苞交互对生；花被片6，线状匙形，仅外部下面或略沿脊部被黄褐色柔毛；花药2室。果大，椭圆形，成熟时紫黑色；果托杯状宿存，全缘。

生长习性： 生于海拔300～1200m的沟谷林，尤其是石灰岩山地阔叶林中。

地理分布： 产秦岭以南各地区。武陵山区各地均可见。

植物特色： 种仁可作制皂原料；果皮、叶可作调香原料；木材纹理直，结构细，有光泽，供建筑、家具、细木工及运动器材之用。枝、根、树皮可驱风除湿、消肿止痛。亦可做石灰岩山地造林及更新树种，也做城市绿化树种。

樟科 Lauraceae　　木姜子属 *Litsea*

宜昌木姜子 *Litsea ichangensis* Gamble

形态特征： 落叶灌木或乔木；树皮黄绿色。叶互生或簇生于近枝顶，膜质，卵圆形，上面深绿色，下面淡绿色，初时脉腋处有簇毛，脉腋具腺窝，侧脉每边4～6条；叶柄纤细，长5～15mm。伞形花序单生或两个簇生，总梗较粗。

生长习性： 生长在海拔300～2200m的山坡灌木丛中或密林中。

地理分布： 产湖北、四川、湖南西部。武陵山区海拔800～1800m山地广布。湖南的桑植、贵州印江、江口、松桃等地以及湖北宣恩、利川、建始、巴东、鹤峰均可见。

植物特色： 中国特有树种。木材可做小型农具用材；果实、根可健脾解毒，可入药，用于治疗消化不良、胸腹胀满、发痧等。果实亦可提炼做芳香油。

樟科 Lauraceae　　润楠属 *Machilus*

宜昌润楠 *Machilus ichangensis* Rehd. et Wils.

形态特征： 常绿乔木；小枝纤细无毛；顶芽近球形，较小，芽鳞近圆形。叶纸质，短而窄，长圆状披针形至长圆状倒披针形，先端短渐尖，基部渐窄，叶下面有小茸毛；侧脉纤细，每边12～17条。圆锥形花序生于当年生枝下部，长6～9cm。果为黑色，近球形。

生长习性： 生长于山坡、山谷疏林地内。

地理分布： 产湖北、湖南、四川、陕西南部、甘肃西部。武陵山区海拔700m以下可见，以武陵源、永定、桑植、永顺、印江、江口、咸丰等为主。

植物特色： 本种树皮为褐色，可提炼作染料。茎、叶有舒筋活血之效。种子含油，可用于制造润滑油。

利川润楠 *Machilus lichuanensis* Cheng ex S. Lee

形态特征： 常绿乔木，胸径可达1.2m。叶椭圆形或长圆状披针形，叶下面幼时密被淡棕色柔毛，老叶下面的中脉和侧脉的两侧也密被柔毛，并用肉眼清晰可见；侧脉每边8～12条。圆锥状花序生于当年生枝下部，花序总梗有小柔毛。

生长习性： 生于水边或沟谷，在开旷的山坡、崖边、阔叶混交林中生长较好。

地理分布： 产湖南、湖北、贵州。武陵山区石门、永顺、张家界、沅陵、印江、江口、松桃及利川可见片状纯林。

樟科 Lauraceae　　新木姜子属 *Neolitsea*

大叶新木姜子 *Neolitsea levinei* Merr.

形态特征： 常绿灌木。顶芽大，呈卵圆形，密被锈色短柔毛。叶轮生，形大，长20～30cm，宽5～9cm，幼时叶下面长有黄褐色长柔毛，老时柔毛脱落后被厚白粉，离基三出脉。伞形花序丛生于枝侧，具总梗。果椭圆形，成熟时为黑色。

生长习性： 喜肥沃森林腐殖质土壤，极耐阴灌木；常见于山地路旁、水旁及深山密林中。

地理分布： 产华东、华中、华南及西南。武陵山区海拔500～1400m密林中可见。

植物特色： 珍贵用材树种，树干通直，木材芳香，亦可做庭院观赏树种。

樟科 Lauraceae 楠属 *Phoebe*

湘楠 *Phoebe hunanensis* Hand.-Mazz.

形态特征： 常绿小乔木。小枝有棱，无毛。叶近革质，倒阔披针形，长10～20cm，宽3～6cm；幼叶下面密被贴伏银白绢状柔毛，成叶叶背覆白粉。花序生当年生枝上部，花被裂片有缘毛。果卵形，长1～1.2cm，直径约7mm；宿存花被片开展。

生长习性： 生于沟谷或水边。

地理分布： 分布甘肃，陕西，江西西南部，江苏，湖北，湖南中部、东南及西部，贵州东部。

植物特色： 根叶可药用，可治疗小儿疳积、风湿痛。

楠木（桢楠） *Phoebe zhennan* S. Lee et F. N. Wei

形态特征： 高大乔木，树干通直；小枝密被黄褐色或灰褐色柔毛。叶较宽，通常为椭圆形，叶下面密被短柔毛，或外面被微柔毛。花被裂片外面及花序有柔毛。

生长习性： 耐阴，喜生于山麓沟谷及冲积肥沃湿润土壤。

地理分布： 产四川、贵州、湖北及湖南。武陵山区多见于海拔1500m以下阔叶林中。

植物特色： 国家二级保护植物。树形美观，叶终年不凋，可作庭园树栽培。木材芳香耐用，纹理美丽，为高级家具、工艺及室内装饰等优良用材。

豆科 Leguminosae　　杭子梢属 *Campylotropis*

杭子梢 *Campylotropis macrocarpa* (Bunge) Rehd.

形态特征： 灌木。小枝有柔毛，老枝常无毛。羽状复叶具3小叶；小叶常呈椭圆形或宽椭圆形，有时过渡为长圆形，先端圆、钝或微凹，具小凸尖，基部圆形，稀近楔形，上面通常无毛，下面通常有贴生柔毛。卵状披针形的苞片常早落或花后逐渐脱落。荚果长圆形、近长圆形或椭圆形，先端具短喙尖，无毛，有网脉，边缘长有纤毛。

生长习性： 喜光，略耐阴，生于山坡、灌丛、林缘、山谷沟边及林中。

地理分布： 分布在湖北、湖南、广西、四川等地。武陵山区海拔1000m以下的灌丛林缘中长有该树种。湖南以慈利、溆浦等地分布较多，湖北巴东分布较多。

植物特色： 根系发达，生长力强，可用作营造防护林与混交林的树种，改良土壤；枝条可供编织绳索等；花序美观，可做观赏植物，此外，叶及嫩枝可作绿肥饲料。

豆科 Leguminosae　　黧豆属 *Mucuna*

常春油麻藤 *Mucuna sempervirens* Hemsl.

形态特征： 常绿木质藤本。小叶革质，顶生小叶长圆形、椭圆形或卵状椭圆形，先端尖，基部楔形，侧生小叶则偏斜，两面无毛且侧脉明显。总状花序生长在老茎上，无香气或有臭味。果木质，带状，种子间缢缩，形似念珠状。

生长习性： 生长在亚热带森林、灌木丛、溪谷、河边等地，常缠绕于树上生长。

地理分布： 产秦岭南坡以南至广东、广西；日本亦产。武陵山区3000m以下均可见。

植物特色： 茎藤有活血去瘀、舒筋活络的功效，可用来治疗跌打损伤等；茎皮纤维可编织麻袋、造纸等；块根可用于提取淀粉；种子可榨油或食用。此外，可引入做庭园棚架绿化植物。

豆科 Leguminosae 红豆属 *Ormosia*

花榈木（毛叶红豆树） *Ormosia henryi* Prain

形态特征： 常绿乔木。小枝、芽、幼叶、叶下面、叶轴、花萼、花序都密被污黄色或褐色茸毛。奇数羽状复叶，小叶5～7对，长6～15cm，革质，椭圆或长圆状椭圆形，先端短尖，基部宽圆，叶缘稍向下反卷。荚果扁平，长圆形，顶端喙状，果瓣革质，紫褐色，无毛；种子红色卵形，有光泽。

生长习性： 喜温暖湿润气候及酸性土壤，耐寒性差。生长于杂木林以及村边岗地，常与杉木、枫香、马尾松、合欢等混生。

地理分布： 分布于长江流域以南各地。在武陵山区海拔500m以下有大量分布，湖北以来凤等地分布较多。

植物特色： 在肥沃而湿润的土壤中，萌芽快，且寿命长；木材致密质重，纹理美观，工艺品、地板及细木家具的良好选材；根、枝、叶有解毒去瘀之效，可入药；花榈木常绿且枝叶繁茂，种子颜色亮丽，树干光洁，有很高的观赏价值。因枝条折断时会有臭气，故有“臭桶柴”之称。可做观赏树种。

百合科 Liliaceae 竹根七属 *Disporopsis*

竹根七 *Disporopsis fuscopicta* Hance

形态特征： 根状茎肉质，连珠状。叶互生，卵形或椭圆状披针形，具弧形脉，两面无毛。花1～2朵簇生于叶腋，通常俯垂；花白色，内侧稍带紫色；花被15～25mm，上部离生，下部合生成筒。浆果近球形，直径7～14mm，具2～8颗种子。

生长习性： 生于海拔500～2500m的山坡林下或山谷沟边。

地理分布： 产广西、江西、湖南、贵州。武陵山区境内龙山、永顺、保靖、梵净山以及利川有分布。

植物特色： 又名吉祥草、观音草。在印度自古被看成是神圣之草，是宗教仪式中必不可少之物。其叶形优雅美丽，为优良的栽培或水培植物。全草入药，可补脾益肺、养阴生津、清热止咳、止血消肿。用于治疗脾胃虚弱、肺虚燥咳、跌打扭伤、创伤出血。

百合科　Liliaceae　　万寿竹属　*Disporum*

少花万寿竹　*Disporum uniflorum* Baker ex S. Moore

形态特征： 多年生草本，有匍匐根茎。茎直立。叶互生。花单生于茎和分枝顶端或与叶对生的短枝顶端；花梗下弯；子房3室，每室有胚珠2～6颗。浆果，黑色。

生长习性： 生于海拔800～1500m的矮林中。

地理分布： 分布在华东、华中、华南、西南、陕西等地；朝鲜也有分布。武陵山区各地常见。

植物特色： 可做栽培观赏植物。

百合科　Liliaceae　　百合属　*Lilium*

川百合　*Lilium davidii* Duch. ex Elwes

形态特征： 鳞茎近球形或卵形；鳞片肉质，白色。茎圆柱形，高0.5～1m，具小乳头状突起。叶散生，条状披针形，边缘反卷并具明显的小乳头状突起，叶腋有白色绵毛。花下垂，橙红色，内侧密布紫色斑点，花被极度反卷，背部有白绵毛。

生长习性： 生于海拔850～3200m的山坡草地、林下潮地、林缘或山谷沟边。

地理分布： 产四川、云南、山西和湖北。武陵山区境内巴东、隆回为主产区之一。

植物特色： 中国特有种。鳞茎含淀粉量高，栽培产量高，可供食用；其花可入药，有止咳利尿之效。

湖北百合 *Lilium henryi* Baker

形态特征： 鳞茎近球形。茎高0.8～2m，有紫色条纹。叶2型，中、下部叶为长椭圆状披针形，上部叶卵圆形。花下垂，橙色，具稀疏的紫黑色斑点，反卷，蜜腺两边多流苏状突起；花药橘红色。蒴果长矩圆形。

生长习性： 生于海拔700～1700m的山坡上或山谷沟边。

地理分布： 产湖北、江西和贵州。武陵山区湘西、贵州梵净山、湖北利川、建始有分布。

植物特色： 中国特有种。适用于盆栽观赏。鳞茎入药，可润肺止咳、宁心安神。用于治疗肺结核、阴虚久咳、虚烦惊悸、失眠多梦、精神恍惚、毒疮、中耳炎。

卷丹 *Lilium lancifolium* Ker Gawl.

形态特征： 鳞茎近宽球形，白色。茎高0.5～1.8m，有紫色条纹，被白绵毛。叶散生，椭圆状披针形，条状脉，先端被白毛，边缘有乳头状突起，上部叶腋有珠芽。花下垂，花被反卷，橙红色，密被紫黑色斑点；花丝长5～8cm。蒴果长圆状倒卵形。

生长习性： 生于海拔400～2500m的山坡、灌木丛中或草丛。

地理分布： 湖南省龙山为主产区之一，全国各地均有栽培。

植物特色： 又名虎皮百合。花瓣或平展或反卷，花大艳丽，故有“卷丹”之美名。可作优良庭园栽培植物。鳞茎富含淀粉和蛋白质，可供食用，亦可作药用；花含芳香油，亦可作香料。

南川百合 *Lilium rosthornii* Diels

形态特征： 鳞茎近球状。叶散生，下部叶为条状披针形，上部叶为阔卵形，中脉明显，无毛，全缘。花黄色，内侧有紫红色斑点，花被片反卷；雄蕊四面张开；花丝长6～7cm。蒴果长圆形，长5～6cm，棕绿色。

生长习性： 生于海拔300～900m的山坡、溪边或林下。

地理分布： 产四川、湖南、湖北和贵州。武陵山区沿河、来凤、鹤峰以及利川有分布。

植物特色： 中国特有种。鳞茎可入药，亦可食用。花大艳丽，可供观赏，作切花用。

大理百合 *Lilium taliense* Franch.

形态特征： 叶缘具小乳头状突起，中脉明显。花被片反卷，矩圆状披针形；内轮花被片较外轮稍宽，白色，有紫色斑点，蜜腺两边无流苏状突起；圆柱形子房；花柱与子房等长或稍长。矩圆形蒴果，褐色。

生长习性： 生于海拔2600～3600m的山坡草地或林下。

地理分布： 产云南、四川和湖南。武陵山区稀见。

植物特色： 鳞茎有清热解毒、润肺止咳、生津的功效。用于治疗咯血、虚劳咳嗽、无名肿毒。

百合科 **Liliaceae** 重楼属 *Paris*

金线重楼 *Paris delavayi* Franch.

形态特征： 叶6～8，披针形或长圆形。内轮花被片常深紫色，丝状线形，比外轮短；子房绿色或上部紫色，圆锥状卵球形。蒴果成熟时绿色，圆锥状卵球形；种子红色，被肉质假种皮。

生长习性： 生于海拔1300～2000m的森林、灌丛中。

地理分布： 武陵山区广布。

植物特色： 俗称金线钓虾蟆。可入药，治风疾、伤食痢疾。

球药隔重楼 *Paris fargesii* Franch.

形态特征： 根状茎粗壮。叶3～6枚，阔卵圆形，先端短尖，基部微心形。外轮花被片通常5枚，卵状披针形，先端具长尾尖；内轮花被片通常长1～1.5cm；雄蕊8枚，花药短条形，药隔突出部分圆头状，肉质，长约1mm，呈紫褐色。

生长习性： 生于海拔550～2100m的山坡林下或阴湿岩石壁上。

地理分布： 产江西、湖北、湖南、广东、四川和贵州。武陵山区各地广布。

植物特色： 根状茎可清热解毒、消肿止痛、平喘止咳、活血散瘀、凉肝定惊。用于治疗肿伤中毒、淋巴结结核、毒蛇咬伤等症。

七叶一枝花 *Paris polyphylla* Sm.

形态特征： 根状茎粗厚，茎带紫红色，基部有灰白色干膜质的鞘。叶7～10片，矩圆形至倒卵状披针形，叶长7～15cm，宽2.5～5cm。外轮花被片绿色，狭卵状披针形；内轮花被片狭条形；药隔突出部分长0.5～2mm；子房近球形，具棱，顶端具一盘状花柱基。蒴果3～6瓣裂开，紫色，径1.5～2.5cm；种子具鲜红色多浆汁的外种皮。

生长习性： 生于海拔1800～3200m的温暖、潮湿、阴蔽的林下或灌木丛。要求疏松、腐殖质深厚的土壤。

地理分布： 产西藏（东南部）、云南、湖南、湖北、四川和贵州。不丹、印度、尼泊尔和越南亦产。武陵山区常见。

植物特色： 根茎含薯蓣苷，具强心作用。也可治毒蛇咬伤及疮毒、痈肿等症；栽培供观赏用。

华重楼 *Paris polyphylla* Sm. var. *chinensis* (Franch.) Hara

形态特征： 叶5～8片轮生，通常7枚，倒卵状披针形至倒披针形。内轮花被片狭条形；药隔突出部分长1～2mm。

生长习性： 生于海拔600～1350m的林下阴处或沟谷边的草丛中。

地理分布： 产西藏（东南部）、云南、四川、湖南和贵州。

植物特色： 根状茎可用于治疗蛇虫咬伤、热疖、疔疮肿毒、淋巴结结核、骨髓炎、急性咽喉炎、扁桃体炎、白喉、流行性乙型肝炎、慢性气管炎。

宽叶重楼 *Paris polyphylla* Sm. var. *latifolia* Wang et Chang

形态特征： 本变种与狭叶重楼（变种）很相似，主要区别在于：叶较宽，通常为倒卵状披针形或宽披针形，长12～15cm，宽2～4（6）cm。果外面有疣状突起。

生长习性： 生于林下或草丛阴湿处。

地理分布： 产华中和华东地区。武陵山区海拔1000～2000m有分布。

植物特色： 药用植物。其根状茎具有清热解毒、活血散瘀、平喘止咳、接骨等功效。常用于治疗咽喉肿痛、小儿惊风、抽搐、痈疖、流行性腮腺炎等。

狭叶重楼 *Paris polyphylla* Sm. var. *stenophylla* Franch.

形态特征： 多年生草本。叶轮生，呈披针形或倒披针形，叶柄短。子房近球形，暗紫色，花柱明显。

生长习性： 生于林下或草丛阴湿处。

地理分布： 长江流域各地。武陵山区亦多见。

植物特色： 药用植物。其根状茎具有清热解毒、活血散瘀、平喘止咳、接骨等功效。常用于治疗咽喉肿痛、小儿惊风、抽搐、痈疖、流行性腮腺炎等。

长药隔重楼 *Paris thibetica* Franch.

形态特征： 叶7～12片，披针形至倒披针形，长5～15cm，宽1～5cm。内轮花被片5枚，条形，长3.5～4.5cm，与外轮花被片近等长或超过；药隔突出部分长6～16mm，呈条状钻形。

生长习性： 生于海拔1500～3100m的灌丛下阴湿处。

地理分布： 产四川（西南部）和云南（西北部）、湖南西北部。武陵山区偶见。

植物特色： 根状茎具清热解毒、消炎、活血散瘀、消肿止痛、平喘止咳、熄风定惊的功效。

马钱科 Loganiaceae　　醉鱼草属 *Buddleja*

驳骨丹（白背枫） *Buddleja asiatica* Lour

形态特征： 直立灌木。叶柄、叶背、花序及花均密被灰白色至灰黄色星状短茸毛。叶对生，薄纸质，卵状披针形或披针形，无毛。总状花序；雄蕊着生于花冠管喉部；花冠高脚碟形。蒴果长卵形；种子灰褐色，具短翅。

生长习性： 生于海拔400～1300m的向阳山坡灌木丛中或疏林缘。

地理分布： 亚洲热带至亚热带广布。

植物特色： 根用于治风湿跌打，叶可治感冒，果可治疳积，花可用来提取芳香油。

千屈菜科 Lythraceae　　紫薇属 *Lagerstroemia*

川黔紫薇 *Lagerstroemia excelsa* (Dode) Chun ex S. Lee et L. Lau

形态特征： 落叶大乔木，胸径可达1m。叶对生，膜质，椭圆形或宽椭圆形，先端骤缩成短尖，叶脉在近叶缘处明显的相互连接成边脉。萼裂片间有不明显的细小的附属体；雄蕊6。蒴果较小，长3.5～5mm。

生长习性： 常生于山谷密林中。

地理分布： 产贵州、湖南、湖北和四川。武陵山区海拔500～1200m的深山密林中，尤以贵州松桃等地分布较多。

植物特色： 我国特有树种。本种树干笔直，树皮光洁，花色黄白，具有优美的外观，可选做园林观赏树种或为行道树。

木兰科 Magnoliaceae　　八角属 *Illicium*

华中八角 *Illicium fargesii* Finet & Gagnep.

形态特征： 灌木。叶近对生或互生，常3～5聚生，革质，长圆状椭圆形，长10～15cm，宽3.5～4.2cm，先端急尖或短渐尖，叶面中脉平坦。花单生叶腋，淡黄色，花被片17～25。聚合果有蓇葖12～13。

生长习性： 生于海拔1400m的沟谷常绿阔叶林中。

地理分布： 产于武陵山区的石门、桑植及利川。云南、四川、贵州、湖北、广西有分布。

植物特色： 果实和叶可入药，行气止痛，止呕。花形美观，可为观赏植物。

红茴香 *Illicium henryi* Diels

形态特征： 灌木或小乔木。叶互生或2～5簇生节上，革质，倒披针形、长倒披针形或倒卵状椭圆形，长6～18cm，宽1.2～5cm，先端长渐尖，基部楔形；叶中脉在上面下凹。花红色，花被片10～15。蓇葖果6～8，顶端钻形，细尖，尖头长3～5mm。

生长习性： 生于海拔300～1200m的山谷溪边林中，喜阴湿。

地理分布： 产于陕西南部、甘肃南部、湖北、湖南、四川、贵州等地。武陵山区常见，湖南省境内龙山、桑植、武陵源、永定、石门、永顺、慈利；湖北省境内来凤、咸丰、宣恩、利川、恩施、建始；贵州省境内印江梵净山、松桃为其主产区。

植物特色： 叶绿花红，美观，可栽培作观赏和经济树种。叶、果可提芳香油，果、种子有剧毒，浸出液可杀虫，也能毒鱼。根、根皮有毒，宜慎用，民间用做祛风除湿、散疲止痛，治跌打、风湿等。

黑老虎（冷饭团） *Kadsura coccinea* (Lem.) A.C. Smith

形态特征： 常绿木质藤本。全株无毛。叶革质，长圆形至卵状披针形，长8～17cm，宽4～8cm，先端钝或短渐尖，基部宽楔形，全缘；叶柄长1～2cm。花红色，花被片10～16。聚合果球形，成熟时红色或紫黑色。

生长习性： 常生于海拔400～1200m的山地、沟谷或林下，常缠绕树上。

地理分布： 分布江西、华南至西南；产湖南各地山区，以湘南山地为主。武陵山区主要分布在桑植、石门、慈利等地。

植物特色： 枝条可捆扎木筏和编织用；果味甜可食；根药用，有行气止痛、活血散瘀之效，可治风湿关节炎、跌打肿痛等症。

异形南五味子 *Kadsura heteroclita* (Roxb.) Craib

形态特征： 常绿木质藤本，全株无毛。叶革质，卵状椭圆形至宽椭圆形，侧脉每边7～11条。花淡黄色，单生于叶腋，雌雄异株，花被片11～15。聚合果近球形，直径2.5～5cm；小果倒卵球形，长1～2.2cm，肉质。

生长习性： 生于海拔400～1700m的山谷、溪边、密林中。

地理分布： 分布在湖北、华南至西南。武陵山区的桑植、永顺、保靖、宣恩、建始等县均有分布。

植物特色： 根藤药用称鸡血藤，可祛风除湿、理气止痛、活血散瘀，治腰肌劳损及跌打损伤；果可治肾虚腰痛、神经衰弱及支气管炎等症。

南五味子 *Kadsura longipedunculata* Finet et Gagnep.

形态特征： 藤本，全株无毛。叶近革质，长圆状披针形、倒卵状披针形或卵状长圆形，长7～11cm，宽2.5～5cm，先端渐尖，基部楔形，边缘有疏齿，侧脉每边5～7条。花淡黄色，单生于叶腋，花被片8～17，雄蕊30～70；心皮40～60。聚合果红色，小浆果倒卵形，肉质。

生长习性： 喜温暖湿润气候、较不耐寒。生于海拔1000m以下的山坡、林中。

地理分布： 广布于长江以南各地。在武陵山区海拔200～1000m分布，来凤、宣恩、利川、恩施及鹤峰可见。

植物特色： 本种全身均可入药，根及根皮药用，能消肿解毒、行血散瘀、治痛风，为伤科要药；种子可滋补强壮、祛痰镇咳，治神经衰弱、支气管炎等症；茎、叶、果实可提取芳香油；茎皮可编织作绳索用。

木兰科 Magnoliaceae　　鹅掌楸属 *Liriodendron*

鹅掌楸 *Liriodendron chinensis* (Hemsl.) Sarg.

形态特征： 落叶乔木，高40m，胸径1m以上。叶先端平截，两侧有裂片，形如马褂或鹅掌状，薄革质；叶柄长5～6cm。花杯形，黄色或淡黄色，花被片9。聚合果长7～9cm，小坚果翅长2～3cm，种子1～2颗。

生长习性： 喜光，宜中山凉润气候，在深厚肥沃、排水良好的沙质酸性或微酸性土壤中生长迅速。

地理分布： 星散分布于长江流域至西南，各地有栽培。武陵山区常见分布，湖南省桑植、石门海拔1000～1200m有小片天然林分布；贵州松桃、印江梵净山及湖北建始、鹤峰、宣恩、利川、恩施均可见。

植物特色： 国家重点保护植物。心材淡红色，纹理直，结构甚细，均匀，质较轻软，少开裂变形，为建筑、家具、胶合板、室内装饰的优良用材；叶和树皮均可入药。树形高大挺直，叶形奇特，为优良的行道树及庭园绿化树种。

木兰科 Magnoliaceae　　玉兰属 *Magnolia*

玉兰 *Magnolia denudata* Desr.

形态特征： 落叶乔木。叶纸质，宽倒卵形或倒卵状椭圆形，先端具短突尖，中部以下渐狭为楔形，下面被灰色柔毛。花大，白色，芳香，先叶开放。聚合果圆柱形，长8～12cm，心皮不完全发育；蓇葖结合，有瘤点。

生长习性： 喜光，颇耐寒，对土壤要求不严，但不宜种植于积水地。散生于阔叶林中或空旷地。

地理分布： 分布在江西、浙江、湖南、贵州，海拔500～1000m。武陵山区的武陵源、永定、桑植为其主要产区。

植物特色： 中国特有种。木材细致、坚韧，供细木工用材。花可提制浸膏，花蕾入药代“辛夷”。花大洁白，芳香，是我国著名的早春花木，栽培历史悠久，有“莹洁清丽、恍疑冰雪”之赞。

华中木兰 *Magnolia denudata* Desr. var. *glabrata* Y. L. Wang et S. Z. Zhang

形态特征：落叶乔木。叶纸质，倒卵状椭圆形，全缘，先端短急尖，基部宽楔形；叶柄长1.5～2cm，托叶痕长0.5～1cm。花洁白芳香，花被片9。蓇葖果沿背缝线开裂；种子1～2。

生长习性：要求温凉湿润的自然生境。生于海拔200～500m的林中。

地理分布：分布于湖南、湖北。武陵山区的吉首、张家界为其在湖南的主要产区。

植物特色：珍稀濒危树种。树形美观，枝繁叶茂，花洁白美丽芳香，为优良的庭园观赏与绿化树种。由于自然种群数量稀少，观赏和科研价值较高。

紫玉兰（辛夷，木笔） *Magnolia liliflora* Desr.

形态特征：落叶小乔木或灌木，高3～5m。小枝紫褐色，无毛。叶椭圆状倒卵形或倒卵形，先端急尖或短渐尖，基部渐狭明显下延至叶柄，叶柄长1～2cm，托叶痕约为叶柄长之半。花先叶开放，花瓣6～12，紫色或紫红色。聚合果圆柱形，长7～10cm，部分心皮不发育。

生长习性：喜光畏寒，适宜湿润气候和肥沃、排水良好的微酸性土壤，生于海拔300～1500m的山坡林缘。

地理分布：原产于我国中部。武陵山区建始、鹤峰、巴东为其主产区之一。

植物特色：花蕾可入药，形大如笔头，故名“木笔”，药材名“辛夷”，主治头痛、鼻炎等症，为我国传统中药。栽培历史悠久，为庭园珍贵花木之一。

武当木兰 *Magnolia sprengeri* Pampan.

形态特征： 落叶乔木。叶薄革质，倒卵形，先端急尖或急短尖，渐狭为楔形；叶柄长1.5～2.5cm。花先叶开放，花被片12～14，外面紫红色。聚合果疏松穗状，长8～15cm；蓇葖果顶端圆，有瘤点。

生长习性： 宜湿润气候和肥沃的酸性土壤，散生于海拔1000～1600m的常绿阔叶林中。

地理分布： 产武陵山区各地，湖南境内武陵源、永定、石门、桑植，贵州境内印江、松桃，湖北境内均县武当山。

植物特色： 中国特有种。花蕾入药，可代“辛夷”，有散风寒、治头痛之效，树皮功效同厚朴，温中理气；花大美丽，可供观赏，为优良庭园树种。

木兰科 Magnoliaceae 木莲属 *Manglietia*

巴东木莲 *Manglietia patungensis* Hu

形态特征： 常绿乔木。叶薄革质，倒卵状椭圆形，长14～18（20)cm，宽3.5～7cm，先端尾状渐尖。花白色，芳香，径8.5～11cm；花梗直立，长约1.5cm。聚合果圆柱状椭圆形，长5～9cm，径2.5～3cm，淡紫红色。

生长习性： 性耐阴，生于常绿阔叶林中，喜温暖湿润的气候和肥沃、排水良好的土壤；生长快，萌发力极强。

地理分布： 分布在湖北、湖南和四川，海拔700～1000m。武陵山区的桑植天平山和张家界阔叶林中混生。

植物特色： 中国特有种，国家二级重点保护植物。为木莲属分布最北的种类。生长较快，树干通直，材质轻，易加工，是珍贵的造林树种。其树形优美，枝叶繁茂，花大，美丽芳香，亦作园林绿化用；树皮为中药厚朴代用品。

阔瓣含笑　*Michelia cavaleriei* Finet et Gagn. var. *platypetala* (Hand.-Mazz.) N. H. Xia

形态特征： 常绿乔木；嫩枝及叶背密被白色柔毛。叶革质，长圆状椭圆形，无托叶痕。花洁白芳香。聚合果穗状，较短。

生长习性： 散生于海拔800～1500m的常绿阔叶林中。

地理分布： 产湖北西部、湖南西南部、广东东部、广西东北部、贵州东部。武陵山区各地偶见。

植物特色： 本种树形优美，花洁白美丽而芳香，可作优良庭园绿化树种。

多花含笑　*Michelia floribunda* Finet et Gagn.

形态特征： 常绿乔木，当年生小枝、芽、幼叶及叶柄被银灰色绢毛。叶狭卵状椭圆形、披针形或狭椭圆形，先端尾状渐尖；叶柄长1～1.5cm，托叶痕达叶柄的1/2或1/2以上。花密生于新枝叶腋；花被片11～13。聚合果穗状，长2～6cm。

生长习性： 耐阴，喜水湿，适宜于酸性土壤，多见于山谷溪边阔叶林中。

地理分布： 产云南、四川、湖北、湖南。缅甸亦产。武陵山区武陵源、永定、保靖、慈利、咸丰等地海拔500～800m山地可见。

植物特色： 可为庭院绿化和行道树种。

亮叶含笑 *Michelia fulgens* Merr. ex Dandy

形态特征： 常绿乔木；芽、嫩枝、叶下面及花梗密被银灰色或锈褐色短茸毛。叶革质，狭椭圆状卵形或披针形，先端渐狭而渐尖，基部圆或楔形，两侧不对称；叶柄长2～4cm，无托叶痕。花被片9～12，长3cm，宽1.5cm。聚合果长7～10cm。

生长习性： 生于海拔1200～1800m的山谷密林中。

地理分布： 产于广东南部、广西、云南。武陵山区亦有少量分布。

植物特色： 木材结构细密均匀，纹理直，为优秀用材树种。花美丽芬芳，为优良庭园绿化树种。

黄心夜合 *Michelia martinii* (Levl.) Levl.

形态特征： 乔木；顶芽密被灰黄色或红褐色竖起柔毛。叶革质，狭长圆形或长圆状披针形，两面无毛，无托叶痕。花淡黄色，芳香，花被片6～8片。聚合果疏松穗状，蓇葖果成熟后腹背两缝线同时开裂，具白色皮孔，顶端具短喙。

生长习性： 喜温暖湿润气候，颇耐寒，宜土层肥沃深厚、排水良好的酸性或微酸性土壤。能自播繁殖。生于海拔1000～2000m处的林中。

地理分布： 产于河南南部、湖北西部、四川中部和南部、贵州、云南东北部。武陵山区海拔300～800m山地可见。

植物特色： 茎皮、叶、花可提取芳香油。亦可引入园林栽培，适于作庭荫树或风景林树种。

木兰科 Magnoliaceae 拟单性木兰属 *Parakmeria*

乐东拟单性木兰 *Parakmeria lotungensis* (Chun et C. Tsoong) Law

形态特征： 常绿乔木，高可达30m，胸径90cm。叶革质，椭圆形或狭椭圆形，长6～11cm，宽3～4cm，先端急尖，基部楔形；叶柄长1～2cm，无托叶痕。花淡黄色或白色，花被片9～12。聚合果卵状椭圆形，长4～7cm；蓇葖果10～12。

生长习性： 耐阴，喜气候温暖、雨量充沛的环境条件，宜肥沃、湿润、排水良好的酸性土壤。萌芽性强，天然更新良好。

地理分布： 产于江西、福建、湖南、广东北部、海南、广西、贵州东南部。武陵山区稀见。

植物特色： 珍贵稀有树种，国家重点保护植物。木材结构甚细，纹理直，是优良用材树种。树干通直优美，对有毒气体有较强的抗性，花形美丽，适于作行道树种及庭园绿化树种。

木兰科 Magnoliaceae 五味子属 *Schisandra*

东亚五味子 *Schisandra elongata* (Bl.) Baill.

形态特征： 落叶藤本。全株无毛，小枝红褐色。叶纸质，倒卵形或倒卵状椭圆形，先端短渐尖或渐尖，基部楔形，边缘有波状疏齿。花橙黄色，花梗长2～7cm。聚合浆果长6～17cm，小果红色。

生长习性： 生于海拔500～1500m的山地林缘、水沟边或灌丛中。

地理分布： 散生于武陵山区，长江流域各地均有分布。

植物特色： 各部可入药用，果实治劳损虚亏诸症；根皮主治消化不良、气虚劳损、跌打骨折、小儿遗尿等。

翼梗五味子 *Schisandra henryi* Clarke.

形态特征： 落叶藤本。全体无毛，小枝皮孔多而明显，老枝具木栓翅。叶纸质，卵形至长圆状卵形，先端渐尖或短尾尖，基部宽楔形或略圆，下面被白粉，叶缘有齿牙状锯齿。花黄绿色，花被片6～10。聚合果长4～15cm，果梗长5～20cm，小果红色，种皮具明显的瘤体。

生长习性： 生于海拔300～1200m的山谷沟边、山地林下或灌丛中。

地理分布： 广布长江以南各地。武陵山区内均产，可见于来凤、咸丰、宣恩、恩施、鹤峰及巴东。

植物特色： 根、枝茎供药用，可通经活络、强筋壮骨；果实入药，有滋肾固精、敛肺止咳之效。

紫金牛科 Myrsinaceae　　紫金牛属 *Ardisia*

朱砂根 *Ardisia crenata* Sims

形态特征： 常绿矮小灌木，主根棒状。叶片革质，椭圆形，长7～15cm，宽2～4cm，边缘具波状圆齿，齿间具腺点。伞形花序，着生于侧生特殊花枝顶端；花瓣白色，盛开时反卷。果球形，直径6～8mm，鲜红色，具腺点。

生长习性： 生于海拔90～2400m的疏、密林下阴湿的灌木丛中；性耐阴，不喜强光。

地理分布： 分布西藏东南部至台湾，湖北至海南岛等地区；印度，缅甸经马来半岛、印度尼西亚至日本均有。

植物特色： 为民间常用的中草药之一，根、叶可祛风除湿、散瘀止痛、通经活络，用于治疗跌打损伤、消化不良、咽喉炎及月经不调等症。果可食，亦可榨油，土榨出油率20%～25%，油可供制肥皂。亦为观赏植物，在园艺方面的品种亦很多。

红凉伞 *Ardisia crenata* Sims var. *bicolor* (Walker) C. Y. Wu et C. Chen

形态特征： 小灌木，树皮微红色。叶互生或丛生于枝梢，近革质，椭圆形、倒披针形，无毛，边缘具有隆起的黑色腺点的钝锯齿。叶背、花梗、花各部均带红色。伞形花序。果实球形，成熟时鲜红、晶亮，结于全株下部环状枝叶间。

生长习性： 夏季不耐高温强光，冬季畏寒怕冷，忌燥热干旱；喜排水良好的酸性土壤环境；生长适温为16～28℃。多分布于阴湿沟谷两侧腐殖质土壤上。

地理分布： 东亚广布。武陵山区各地常见。

植物特色： 因其根部断面木质部常布满朱砂红的血点，故亦名“朱砂根”。因其果实美丽异常，宛如青翠叶丛中藏着红彤彤的珍珠，能呈现出“绿伞遮金珠”吉祥富贵的景象，因此又叫“富贵籽”。

紫金牛 *Ardisia japonica* (Thunb.) Blume

形态特征： 常绿蔓生灌木，具匍匐根状茎。叶对生或近轮生；叶缘具细锯齿，两面无毛。伞形花序腋生。果球形，径5～6mm，鲜红色转黑，宿存萼片三角状卵形。

生长习性： 生于海拔1200m以下的山间林下或竹林下阴湿的地方。

地理分布： 分布陕西及长江流域以南各地；朝鲜、日本均有。

植物特色： 全株及根供药用，为我国民间常用的中草药，也是常见的花卉。

紫金牛科 Myrsinaceae 杜茎山属 *Maesa*

湖北杜茎山 *Maesa hupehensis* Rehd.

形态特征： 灌木。叶硬纸质，披针形或长圆状披针形，全缘或具疏齿，无毛。总状花序腋生；苞片披针形。果白色或白黄色，球形或近卵圆形，包于宿存萼片中，具腺条及肋纹。

生长习性： 生于海拔900～1000m的山间密林或溪边林。

地理分布： 产湖北、四川、湖南。武陵山区咸丰、桑植、武陵源、永定等地偶见。

植物特色： 全株具清热利湿、活血散瘀之效。根用于治疗咽喉炎等症。

杜茎山 *Maesa japonica* (Thunb.) Moritzi.

形态特征： 直立灌木。叶椭圆形，革质。总状花序或圆锥花序；花冠白色，长钟形；雄蕊内藏于花冠管中部略上；花丝与花药等长。果球形，直径4～5mm，肉质，具脉状腺条纹，宿存萼包果顶端，常冠宿存花柱。

生长习性： 生于海拔300～2000m的山坡或石灰山杂木林下阳处，或路旁灌木丛中。

地理分布： 分布我国西南至台湾以南各地；日本及越南北部亦有。

植物特色： 果可食，微甜；全株供药用，有祛风寒、消肿之功，用于治腰痛、头痛、心躁烦渴、眼目晕眩等症；根与白糖煎服治皮肤风毒，亦治妇女崩带；茎、叶外敷治跌打损伤、止血。

紫金牛科 Myrsinaceae　　铁仔属 *Myrsine*

铁仔 *Myrsine africana* Linn.

形态特征： 灌木。叶革质，椭圆状倒卵形或倒卵形，无毛，顶端具短刺尖，基部楔形，叶中部以上具锯齿，齿端刺尖，叶背边缘密具小腺点。伞形花序或花簇生，腋生，下方苞片仅1轮排列；子房上位。果球形，光亮，红变紫黑色，果萼宿存于果下。

生长习性： 喜光而耐半阴，耐石灰岩或页岩土壤；要求空气湿润，又可适应有伏旱的地带。生于海拔300～1500m的石山坡、荒坡疏林。

地理分布： 产长江流域、西藏、台湾。非洲、阿拉伯、印度均产。武陵山区各地可见。

植物特色： 枝叶药用可治风火牙痛、咽喉痛、脱肛、子宫脱垂、肠炎、虚劳等症；叶捣碎外敷，治刀伤；皮和叶可提栲胶。可作山石缝隙栽植，也可作矮绿篱用，或配于登山石阶转角。

蓝果树科 Nyssaceae　　珙桐属 *Davidia*

珙桐 *Davidia involucrata* Baill.

形态特征： 落叶乔木，胸径可达1m。当年生枝紫绿色，无毛，多年生枝深褐色或深灰色。叶纸质，互生，无托叶，常密集于幼枝顶端，阔卵形或近圆形，常长9～15cm，宽7～12cm，顶端急尖或短急尖，具稍弯曲的尖头，基部心形或深心形，边缘有锐尖的粗锯齿，渐老时无毛，下面密被淡黄色或淡白色丝状粗毛；具长叶柄，幼时被稀疏的短柔毛；两性花与雄花同株，近球形头状花序。核果呈长卵形，有黄色斑点，种子3～5枚，果梗粗壮。

生长习性： 喜半阴和温凉湿润气候，以空气湿度较高处为佳。略耐寒，喜肥沃湿润而排水良好的中性或酸性土壤，忌碱性和干燥土壤、炎热和阳光暴晒。

地理分布： 产湖北西部、湖南、四川以及贵州和云南；武陵山区海拔900～1800m的沟谷阔叶林中均有分布。湖南以桑植、石门、武陵源、永定分布较多，其中以桑植天平山珙桐湾分布最为集中。

植物特色： 中国特有树种，国家一级保护植物，著名的第三纪孑遗植物，具很高的科研价值。木材可用于雕刻工艺品。白色苞片显著夺目，有“中国鸽子树”之美称，是驰名中外的珍贵观赏树种。宜植于温暖地带的较高海拔地区的庭院、疗养所、宾馆、展览馆前作庭荫树，并有象征和平的含义。

木犀科 Oleaceae 连翘属 *Forsythia*

秦连翘 *Forsythia giraldiana* Lingelsh.

形态特征： 落叶灌木，小枝略呈四棱形，镰刀状弯曲，具片状髓。叶薄革质，卵状椭圆形或长圆形，全缘，仅沿叶脉疏被柔毛。花生于叶腋。蒴果2裂，卵形，先端喙状短渐尖，开裂时向外反折。与连翘的区别在于本种叶全缘，叶背有毛。

生长习性： 生于海拔1000～1300m的山坡、山谷灌丛或疏林中。

地理分布： 产于甘肃东南部、陕西、河南西部、湖南西部和四川东北部。武陵山区见于沅陵、石门、张家界。

植物特色： 武陵山区特有种。果实具清热解毒、消肿散结之效。

木犀科 Oleaceae 木犀属 *Osmanthus*

红柄木犀 *Osmanthus armatus* Diels

形态特征： 常绿灌木或乔木，直立，小枝黄白色，有瘤点。叶厚革质，长圆状披针形至椭圆形，有锐尖头，具刺的粗齿，仅叶面中脉被柔毛。聚伞花序簇生于叶腋，花芳香，花冠白色，雄花中不育雌蕊为狭圆锥形。肉质核果椭圆形，黑色。

生长习性： 生于海拔800～1700m的山坡灌木林中。

地理分布： 产于四川、湖北等地。武陵山区主要分布于湘西山地。

植物特色： 武陵山区特有种。根有清热解毒的药用效果。亦作观赏树或绿篱。

兰科 Orchidaceae 无柱兰属 *Amitostigma*

无柱兰 *Amitostigma gracile* (Bl.) Schltr.

形态特征： 多年生草本。块茎卵圆形或椭圆形，肉质。茎细长，基部具1～2枚筒状鞘。叶长圆形、披针形或卵状披针形。总状花序顶生，多朵花偏向一侧；花小，粉红色或淡紫色，倒置；萼片离生；花瓣椭圆形或长卵形。蒴果直立。

生长习性： 生于海拔300～3000m的山谷沟边、林下阴处岩石上或山坡灌丛中。

地理分布： 产于四川、贵州、江西、湖北、湖南、广西。武陵山区石门、桑植、龙山、梵净山有分布。

植物特色： 块茎及全草入药，可解毒消肿、止血。用于治疗跌打损伤、咯血、毒蛇咬伤。

兰科 Orchidaceae 开唇兰属 *Anoectochilus*

西南齿唇兰 *Anoectochilus elwesii* (Clarke ex Hook. f.) King et Pantl.

形态特征： 地生兰。根状茎匍匐，肉质，具节，节上生根。茎粗壮，无毛，具6～7枚叶。叶片上面具深红色脉。总状花序具2～4朵花；花较大，长约4cm，倒置（唇瓣位于下方）；萼片淡绿色或为白色，先端和中部带紫红色。

生长习性： 生于海拔300～1500m的山坡、沟谷或林下阴湿处。

地理分布： 产广西、四川、贵州和云南。武陵山区境内壶瓶山、梵净山有分布。

植物特色： 全草入药用，可消肿、止痛。常用于治疗跌打损伤。

兰科 Orchidaceae 白及属 *Blerilla*

黄花白及（黄花白芨） *Bletilla ochracea* Schltr.

形态特征： 多年生草本。假鳞茎扁斜卵形，较大，具荸荠似环带，富黏性。茎粗壮。叶长条状披针形。花较大，萼片及花瓣外面黄绿色，内面黄白色；唇瓣侧裂片直立，斜长圆形，围抱蕊柱；唇盘上面具5条纵脊状褶片；仅在中裂片上面为波状。

生长习性： 生于海拔300～2500m的山坡草丛中、林下或山谷沟边。

地理分布： 产陕西、甘肃、湖北、湖南、四川和贵州。武陵山区壶瓶山及梵净山有分布。

植物特色： 块茎入药，用于治疗咳血、外伤出血、疮疡肿毒、皮肤皲裂、胃溃疡出血。

白及（白芨） *Bletilla striata* (Thunb. ex A. Murray) Rchb. f.

形态特征： 多年生草本。茎基部有假鳞茎膨大成扁球形，具荸荠似的环带，肉质，富黏性。叶3～6枚，狭长圆状披针形，叶柄互抱成茎状。总状花序3～10朵花；花序轴曲折成“之”字状；花大，紫红色或粉红色。

生长习性： 喜温暖潮湿的气候，稍耐寒，不耐强光直射。生于海拔100～3200m的林缘、沟边草丛或岩石壁上。

地理分布： 产云南、贵州、四川、湖南等地。武陵山区境内咸丰、宣恩、鹤峰、利川、恩施、建始、巴东可见分布。

植物特色： 白及株丛葱绿，叶形优美，花大艳丽，适合作观赏园林盆栽。假鳞茎晒干后入药用，可补肺止血、消肿生肌，治疗跌打损伤。

兰科 Orchidaceae　　虾脊兰属 *Calanthe*

剑叶虾脊兰 *Calanthe davidii* Franch.

形态特征： 地生草本。根圆柱形，无明显的根状茎和假鳞茎。叶3～4，在花期全部展开，剑形或带状，3主脉。花莛出自叶腋，直立；总状花序具多数花；花苞片宿存；花黄绿色、白色或稍带紫色；蕊喙2～3分裂。

生长习性： 生于海拔500～3300m的山地、溪边或林缘。

地理分布： 产陕西、湖北、湖南、四川、贵州、云南。武陵山区八大公山、梵净山、宣恩、鹤峰及利川有分布。

植物特色： 根、假鳞茎、全草入药，可清热解毒、化瘀止痛。用于治疗咽喉肿痛、牙龈上火、胃溃疡、急性胃扩张、肝炎、腰腹痛、闭经、砂淋、风湿关节痛、毒蛇咬伤、跌打损伤。

兰科 Orchidaceae 头蕊兰属 *Cephalanthera*

银兰 *Cephalanthera erecta* (Thunb. ex A. Murray) Bl.

形态特征： 地生草本。茎直立，中部以上具2～5枚叶，下部有2～4枚近舟状或筒状鞘。叶片椭圆形至卵状披针形，先端锐尖，背面平滑，基部近无柄并抱茎。总状花序顶生，具3～10朵花；花白色，两侧对称，多少扭转。

生长习性： 生于海拔700～2000m的山坡、林下、灌丛中或山谷沟边。

地理分布： 产江西、湖北、广西北部、四川和贵州。武陵山区武陵源、永定、桑植、兴山、神农架有分布。

植物特色： 全草可清热利尿、解毒。用于治疗高热不退、小便不利、口干、咽喉肿痛、感冒、关节扭伤。

金兰 *Cephalanthera falcata* (Thunb. ex A. Murray) Bl.

形态特征： 地生草本。茎直立，中部以上具4～7枚叶，下部有3～5枚筒状鞘。叶片椭圆状披针形或卵状披针形，先端渐尖，基部收狭并抱茎。总状花序，具5～10朵花；花苞片很小，长1～2mm；花黄色，微张开。蒴果狭椭圆状。

生长习性： 生于海拔700～1800m的林下、沟谷、阴湿草地或灌丛中。

地理分布： 产华东、华中和华南北部。武陵山区桑植、石门、梵净山、鹤峰等地中山地带有分布。

植物特色： 全草入药，可清热泻火、健脾祛风。主治脾胃虚弱、咽喉肿痛、牙痛、风湿关节痛。

兰科 Orchidaceae　　独花兰属 *Changnienia*

独花兰 *Changnienia amoena* S. S. Chien

形态特征： 假鳞茎近椭圆形或阔卵形。叶1枚，宽卵状椭圆形至近圆形，先端短急尖，基部圆形或近截形，背面紫红色。花莛长10～17cm，紫色，具2枚鞘；花大，白色而带淡红色或淡紫色晕，唇瓣布紫红色斑点。

生长习性： 生于海拔400～1800m的山坡林下、潮湿沟边或岩壁上。

地理分布： 产陕西南部、江西、湖北、湖南和四川。武陵山区鹤峰、建始、利川，湖南新宁、炎陵等地有分布。

植物特色： 中国特有的单种属植物，国家二级保护植物。全草入药，具有清热解毒、消肿止痛的功效；花大艳丽，可供观赏。

兰科 Orchidaceae　　吻兰属 *Collabium*

台湾吻兰 *Collabium formosanum* Hayata

形态特征： 地生草本，假鳞茎疏生于匍匐根状茎上，细圆柱形，被筒状鞘。叶厚纸质，长圆状披针形，先端锐尖，基部具短柄。花莛直立，长38cm；总状花序疏生4～9朵花；花浅绿色，内面尖端有红色斑点；唇瓣侧裂片先端锐尖，上端边缘具齿。

生长习性： 生于海拔450～1600m的山谷密林下或沟谷岩石边。

地理分布： 产台湾、湖北、湖南南部（宜章）、广西、贵州和云南。武陵山区梵净山有星零分布。

植物特色： 国家重点保护野生植物。

兰科 Orchidaceae　　杜鹃兰属 *Cremastra*

杜鹃兰 *Cremastra appendiculata* (D. Don) Makino

形态特征： 地生草本，假鳞茎近球形或卵球形，密接，外被撕裂成纤维状的残存鞘。叶通常1枚，生于假鳞茎顶端，狭椭圆形。花莛从假鳞茎上部一侧节上发出，直立；总状花序具5～22朵花；花多少下垂，淡紫褐色，有香气，狭钟形。蒴果椭圆形，下垂。

生长习性： 生于海拔500～2800m的山坡、林下阴湿处或沟边草丛中。

地理分布： 产山西、陕西南部至华东、华中、华南、西南、西藏、台湾。尼泊尔、不丹至日本等地亦产。武陵山区见于八大公山、石阡、宣恩、巴东等地。

植物特色： 假鳞茎作中药“山慈姑”入药，具祛瘀消肿、清热解毒的功效，用于治疗咳嗽痰喘、跌打损伤、蛇虫咬伤。

兰科 Orchidaceae　　兰属 *Cymbidium*

蕙兰 *Cymbidium faberi* Rolfe

形态特征： 地生植物；假鳞茎极小不明显。叶带形，长25～80cm，宽4～12mm，基部常对折呈V形，叶脉透亮，边缘具粗锯齿。花莛被多枚长鞘；总状花序具5～11朵或以上的花；花浅黄绿色，唇瓣具紫红色斑点，有香气。蒴果近长椭圆形。

生长习性： 喜透光湿润且排水良好之处，生于海拔700～3000m的林下阴湿草丛、灌丛中、阴坡岩石上。

地理分布： 广泛分布于秦岭山脉以南地区。武陵山区湖南湘西地区及湖北巴东等地有产。

植物特色： 我国珍稀植物，为国家二级重点保护野生植物。蕙兰在我国栽培历史悠久，是自古以来著名的名贵观赏花卉。根有微毒，用于治疗久咳痰喘、蛔虫病、头虱。

多花兰 *Cymbidium floribundum* Lindl.

形态特征： 附生植物；假鳞茎近卵球形。叶通常5～6枚，坚纸质，带形，先端急尖，稍歪斜。花葶近直立或外弯；花序通常密生10～40朵花；花苞片小；无香气；萼片与花瓣红褐色或偶见绿黄色；萼片与花瓣狭椭圆形。蒴果近长圆形。

生长习性： 喜阴湿透光的环境，生于海拔300～3500m的疏林、溪边或岩石壁上。

地理分布： 产华东、华中、华南至西南。武陵山区多地盛产。

植物特色： 我国重点保护野生植物。叶肥厚而有光泽，花色多而色彩繁复，花姿优美，颇具观赏价值，在国际花卉市场上亦占有重要地位。假鳞茎入药，可清热解毒、滋阴润肺、活血祛痰。

春兰 *Cymbidium goeringii* (Rchb. f.) Rchb. f.

形态特征： 地生植物；假鳞茎极小。叶4～7枚，带形，边缘无齿或具疏细齿。花莛直立，明显短于叶；花序具1朵花，罕见2朵；花色泽变化较大，通常为绿色、淡褐黄色而有紫褐色竖纹，有香气；萼片近椭圆形至椭圆状倒卵形；花瓣倒卵状椭圆形，与萼片近等宽。

生长习性： 喜温暖湿润气候，适宜排水良好的肥沃土壤。常生于海拔300～2200m的山坡岩石上、林缘或林中透光处。

地理分布： 中国多地有产。武陵山区凤凰、龙山、永顺、鹤峰、利川、巴东有分布。

植物特色： 中国特有种，是最广泛栽培的兰花之一；可作盆栽观赏。全草入药，可治头昏、肾虚、盗汗、蛔虫和痔疮等症。

寒兰 *Cymbidium kanran* Makino

形态特征： 地生植物；假鳞茎狭卵球形。叶3～7枚，长带形，略有光泽，顶部边缘有细齿。花莛与叶等高或略高；总状花序疏生5～12朵花；花常为淡黄绿色，具淡黄色唇瓣，或具其他颜色，香气浓烈。蒴果狭椭圆形，长约4.5cm，宽约1.8cm。

生长习性： 生于海拔400～2400m的山坡林下、溪谷边或湿润的岩石上。

地理分布： 产江西、湖南、广西、四川、贵州和云南。武陵山区境内石门八大公山、古丈、会同、怀化、梵净山、石阡、利川是其主产区之一。

植物特色： 全草可清心润肺、止咳平喘；根可清热、驱蛔。用于治疗急性胃肠炎、蛔虫病。

兰科 Orchidaceae　　杓兰属 *Cypripedium*

绿花杓兰 *Cypripedium henryi* Rolfe

形态特征： 地生草本，根状茎粗短。茎直立，被短柔毛，基部常具数枚鞘。叶片具折扇状脉。花序顶生，通常具2～3花；花苞片叶状；花绿色至绿黄色，大而美丽；中萼片直立或俯倾于唇瓣上。蒴果狭椭圆形，被毛。

生长习性： 生于海拔800～2800m的山坡疏林下、林缘、灌丛中湿润肥沃之地。

地理分布： 产山西、陕西、甘肃等地南部及湖北西部、四川、贵州、湖南、云南。武陵山区壶瓶山、鹤峰、利川等地较常见。

植物特色： 花大美丽，叶修长优雅，为优良景观植物。全草入药，可活血化瘀。用于治疗胃痛、腰腿疼痛、疝气、跌打损伤。

扇脉杓兰 *Cypripedium japonicum* Thunb.

形态特征： 多年生草本，具长而横走的根状茎。叶通常2枚，近对生，罕有3枚叶互生的；叶片扇形，具扇形辐射状脉。花序顶生，单朵花，俯垂；萼片和花瓣淡黄绿色，基部有淡紫色斑点，唇瓣淡黄色至淡紫白色，有紫红色斑点和条纹。蒴果近纺锤形，疏被柔毛。

生长习性： 生于海拔1000～2000m的山坡林下、林缘、灌木丛中、溪谷边。

地理分布： 产安徽、浙江、江西、湖北、湖南、四川和贵州。武陵山区境内石门壶瓶山、梵净山、松桃、鹤峰、利川、恩施、巴东、建始有分布。

植物特色： 植株花大美丽，可供观赏；全草及根入药，可清热解毒、理气活血、祛风镇痛。用于治疗月经不调、皮肤瘙痒、荨麻疹、无名肿毒。

兰科 Orchidaceae 天麻属 *Gastrodia*

天麻 *Gastrodia elata* Bl.

形态特征： 腐生草本，地下根状茎肥厚，块茎状，圆柱形至近哑铃形，肉质，具较密的节，节上密被三角状阔卵形的鞘。茎直立，无绿叶。总状花序顶生，通常具30～50朵花；花扭转，橙黄、淡黄色，少蓝绿色；萼片和瓣合生成筒，顶端具5枚裂片。

生长习性： 生于海拔400～3000m的山坡疏林下、林缘、沟边草丛中或灌丛中，通常生长在腐烂树附近。

地理分布： 产东亚热带至寒温带地区。武陵山区散见。

植物特色： 天麻历来为名贵中药，有祛风通络、平抑肝阳之效，用以治疗头晕目眩、肢体麻木瘫痪、风湿痹症疼痛、动脉硬化、小儿惊风等症，亦可作药膳，有益气养阴、通脉健脑、定惊止痛之效。

兰科 Orchidaceae 斑叶兰属 *Goodyera*

斑叶兰 *Goodyera schlechtendaliana* Rchb. f.

形态特征： 地生草本。根状茎伸长，匍匐，具节，节上生根。茎直立，具4～6枚叶。叶卵状披针形，上面有白色不规则的点状斑纹。总状花序顶生，具少数至20余朵花，偏向一侧；花较小，白色或粉红色，半张开；萼片背面被柔毛。

生长习性： 生于海拔500～2800m的山坡林缘或沟谷阔叶林下排水良好的肥沃土壤上。

地理分布： 产东亚热带至暖温带地区。武陵山区壶瓶山、梵净山、张家界、利川、巴东等地常见。

植物特色： 中国珍稀植物。全草入药，可清肺止咳、解毒消肿、化痰、活血。治肺痨咳嗽、毒蛇咬伤、跌打、疮疡、风湿关节痛。

兰科 Orchidaceae　　玉凤花属 *Habenaria*

毛葶玉凤花 *Habenaria ciliolans* Kraenzl.

形态特征： 地生草本。块茎肉质，椭圆形或长圆形。茎粗壮，近中部具5～6枚叶，向上疏生5～10枚的苞片状小叶。叶椭圆状披针形、倒卵形或长椭圆形，基部收狭抱茎。花序顶生，具6～15朵花，花莛具棱，棱上具长柔毛；花白色或浅绿色，罕带粉色。

生长习性： 生于海拔150～2000m的山坡林下或沟边潮湿处。

地理分布： 产浙江、江西、湖北、湖南、广东、广西、四川、贵州。武陵山区梵净山、来凤、石门、新化有分布。

植物特色： 又称“双肾草”。块茎及根入药，可清热解毒、滋阴补肾。用于治疗肾虚遗精、阳痿早泄、肾炎、产后血虚，外用可治疗毒蛇咬伤。

兰科 Orchidaceae　　羊耳蒜属 *Liparis*

长唇羊耳蒜 *Liparis dunnii* Hand.-Mazz.

形态特征： 地生兰。假鳞茎聚生；叶2枚，多脉，基部具柄，边缘微波浪状。花莛直立，远高出叶外；总状花序具多数花，花莛具翅；花苞片很小，卵形；花大，浅紫色，萼片相似，狭矩长；唇瓣倒卵状圆形，顶端短尖，边缘全缘，基部具1胼胝体。

生长习性： 生于海拔600～1400m的林下或阴湿岩石处。

地理分布： 分布于长江流域以南各地。武陵山区广泛分布。

植物特色： 主治血热吐衄、火热邪毒。

兰科 Orchidaceae　　舌唇兰属 *Platanthera*

舌唇兰 *Platanthera japonica* (Thunb. ex A. Marray) Lindl.

形态特征： 地生草本。根状茎肉质肥厚。茎直立，无毛，具3~6枚叶。叶自下向上渐小，下部叶长椭圆形，上部叶片披针形。总状花序具10~28朵花；花苞片狭披针形，草质，扭转；花大，白色；萼片边缘无睫毛状细齿。柱头1个，凹陷，位于蕊喙之凹穴内。

生长习性： 生于海拔600~2600m的山谷沟边、林下或草丛中。

地理分布： 产华中、华东、华南至西南。朝鲜半岛和日本亦产。武陵山区八大公山、沅陵、梵净山、利川等地可见。

植物特色： 本种叶色浓绿，花形奇特，状如悬挂的金鱼，颇具观赏价值。全草及根入药，能益气养肺、止咳化痰、止血生肌。

兰科 Orchidaceae　　独蒜兰属 *Pleione*

独蒜兰 *Pleione bulbocodioides* (Franch.) Rolfe

形态特征： 半附生草本。假鳞茎1年生，卵球形，顶端具1枚叶。叶具折扇形脉，有短柄。花莛从老假鳞茎基部发出，直立，顶端具1~2花；花大，粉红色至淡紫色，唇瓣上有深紫色斑纹。蒴果近纺锤形，具3纵棱。

生长习性： 生于海拔700~3600m的林下、林缘、灌丛中或阴湿岩石壁上。

地理分布： 产华中、华东、西南、西藏。武陵山区八大公山、鹤峰、宣恩、利川等地有产。

植物特色： 独蒜兰花朵艳丽奇特，极具观赏价值，适合庭园栽培。独蒜兰的假鳞茎是一味药材，清热解毒，消炎止痛。

兰科 Orchidaceae 旗唇兰属 *Vexillabium*

旗唇兰 *Vexillabium yakushimense* (Yamamoto) F. Maekawa

形态特征： 地生小草本。根状茎肉质，匍匐，具节，节上生根。茎圆柱形，直立，无毛，具4~5枚叶。叶卵形，具3条脉。花茎顶生，常带紫红色，被柔毛，中部以下有时具1~2枚粉红色的鞘状苞片；花苞片粉红色，边缘具睫毛；花小，花瓣白色，有紫红色斑。

生长习性： 生于海拔400~1800m的林下、苔藓丛中或沟边岩石壁上。

地理分布： 产安徽、浙江、台湾、湖南、四川。武陵山区境内新宁、梵净山有分布。

植物特色： 本种花形奇特美观，颇具观赏价值。

罂粟科 Papaveraceae 紫堇属 *Corydalis*

小药八旦子 *Corydalis caudata* (Lam.) Pers.

形态特征： 瘦弱多年生草本。块茎近球形；茎基上有1~2鳞片，鳞片上部具叶，枝条从叶腋发出。叶较特殊，具细长的叶柄，且基部常具叶鞘。花蓝色或紫蓝色，花冠宽展，具有弧形上弯的距。蒴果卵圆形，种子光滑，有狭长的种阜。

生长习性： 常见于阴湿的山谷或林缘。

地理分布： 产北京、河北、山西、山东、江苏、安徽、湖北、湖南、陕西和甘肃东部。武陵山区海拔100~1200m山坡和林缘可见。

植物特色： 本种株型矮小，花奇特美观，连片生长，以小型盆栽或花卉形式作庭院绿化用。

松科 Pinaceae　　松属 *Pinus*

武陵松 *Pinus massoniana* Lamb. var. *wulingensis* C. J. Qi et Q. Z. Lin

形态特征： 常绿乔木。树形矮小。针叶短而粗硬，两针一束，长5～7cm。果球长3～3.5cm，种子连翅长1.3～1.4cm。

生态习性： 生于海拔900～1500m的悬崖峭壁或裸露岩石上。

地理分布： 仅产于湖南石门、桑植、武陵源、永定。

植物特色： 武陵山区特有种。武陵源三千奇峰因其而俊，它因奇峰而挺拔、傲立，奇松怪石构成了武陵源特殊的自然景观，有“武陵源里三千峰，峰有十万八千松”之誉。

松科 Pinaceae　　黄杉属 *Pseudotsuga*

黄杉 *Pseudotsuga sinensis* Dode

形态特征： 常绿乔木。叶螺旋状着生，中脉在上面凹下，下面隆起，有两条白色的气孔带。雄球花单生叶腋，雌球花单生枝顶。球果有柄、下垂；种鳞木质，苞鳞显著露出。

生态习性： 生于海拔800～2800m的山脊及陡峭山坡的针阔叶混交林中，喜气候温暖、湿润、夏季多雨、冬春较干，黄壤或棕色森林土地带，在石灰岩山地也能生长，但较缓慢。

地理分布： 分布在云南、四川、贵州、湖北、湖南。桑植四方溪有较大面积纯林分布。

植物特色： 中国特有种，国家二级重点保护植物。名材北美黄杉*Pseudotsuga menziesii*是其在北美的地理对应种，对研究松科植物起源及进化有重要意义。材质优良；适应性强，生长较快，亦可造林和园林绿化。

松科 Pinaceae　　铁杉属 *Tsuga*

长苞铁杉 *Tsuga longibracteata* Cheng

形态特征： 落叶乔木。叶辐射伸展，两面均有气孔线。球果圆柱形，直立，长2～5.8cm，径1.2～2.5cm；中部种鳞近斜方形，长0.9～2.2cm，宽1.2～2.5cm；种子三角状扁卵圆形，长4～8mm，种翅较种子为长。

生长习性： 强阳性树种；耐干旱、瘠薄，生于海拔300～2300m的岩石裸露的山脊地带，生境内气候温暖、湿润、云雾多、气温高。

地理分布： 中国特有种。分布华南。武陵山区亦有零星生长。

植物特色： 第三纪孑遗植物，分布范围狭窄，国家二级重点保护植物。材质优良，经济价值高；适应范围广，可作为中亚热带中山地带的造林树种。

报春花科 Primulaceae 点地梅属 *Androsace*

莲叶点地梅 *Androsace henryi* Oliv.

形态特征： 多年生草本。根状茎粗短，基部具须根，纤维状。叶基生，圆形至圆肾形，具短糙伏毛，基部心形弯缺深达叶片的1/3，叶缘具浅裂状圆齿或重齿。伞形花序，苞片小，线形或线状披针形；花萼漏斗状；花冠白色，筒部与花萼近等长，裂片倒卵状心形。蒴果近陀螺形，先端近平截。

生长习性： 生于海拔1300～2800m的山坡疏林和沟谷水边。

地理分布： 产陕西、湖北西部、湖南西部、四川、云南和西藏东南部。缅甸北部亦产。武陵山区中山地带散见。

植物特色： 全草具清热解毒、利湿止痒的功效，可用于治疗头痛、眼睛疼痛、皮疹、疔疮。

报春花科 Primulaceae 珍珠菜属 *Lysimachia*

巴东过路黄 *Lysimachia patungensis* Hand.-Mazz.

形态特征： 茎纤细，匍匐伸长，节上生根，密被铁锈色多细胞柔毛。叶对生，茎端的2对呈轮生状，叶片阔卵形或近圆形，草质而稍厚，具节糙伏毛，叶缘透光可见透明粗腺条。花2～4朵集生于茎和枝的顶端，无苞片；花冠除内侧基部橙红色外，皆为黄色，子房上部被毛。蒴果球形。

生长习性： 生于海拔1000m的山谷溪边和林下。

地理分布： 产于湖北、湖南、广东、江西、安徽、浙江、福建。武陵山区多地有分布。

植物特色： 全草具清热解毒、利尿通淋、消肿散瘀、祛痰止咳、宽胸利膈之效。

报春花科 Primulaceae　　报春花属 *Primula*

俯垂粉报春 *Primula nutantiflora* Hemsl.

形态特征： 多年生小草本。根状茎短，具纤维状须根。叶连柄长1～3cm，宽3～10cm，椭圆形至倒披针形，仅上半部边缘具锐尖牙齿。花俯垂，少数生于花莛端；花萼钟状，与花梗皆被黄粉；花冠淡紫色或粉红色。蒴果短于花萼。

生长习性： 生于海拔1900～3000m的湿润的岩缝中。

地理分布： 产于四川东部、湖南西部、湖北西部和贵州北部。武陵山区鹤峰、张家界等地稀见。

植物特色： 生境脆弱，种群小，保护价值高。花色艳丽，观赏价值高。

卵叶报春 *Primula ovalifolia* Franch.

形态特征： 多年生草本。叶阔椭圆形至近圆形，边缘具疏小圆齿，干时坚纸质至近革质；叶柄密被多细胞柔毛。伞形花序3～9花；花冠蓝紫色，喉部具环状物，冠檐直径1～3cm，裂片倒卵形，先端具凹缺。蒴果球形。

生长习性： 生长于海拔600～2500m的山谷林下和山坡阴处。

地理分布： 产武陵山区至云南东北部。

植物特色： 全草入药，可清热解毒、消炎止痛、祛痰、活血、调经。用于治疗肺热咳喘、风湿关节痛、月经不调。

毛茛科 Ranunculaceae 银莲花属 *Anemone*

鹤峰银莲花（裂苞鹅掌草） *Anemone flaccid* Fr. Schmidt var. *hofengensis* Wuzhi

形态特征： 根状茎斜生，直径5～10mm，节间极缩短。基生叶1～2，有长柄；叶片五角形，厚草质，基部深心形，表面有疏毛，背面通常无毛或近无毛。花白色；花序有4～6花；苞片3，深裂；萼片5。

生长习性： 喜阳，适应性较强，较耐阴，耐干旱瘠薄，在土壤肥沃、通气良好处生长旺盛。生于海拔1100～1400m的山地、谷沟。

地理分布： 产于武陵山区桑植、恩施及鹤峰。

植物特色： 武陵山区特有种。根状茎可入药，可治小儿消化不良，外用可治疗扭伤、风湿痛。

秋牡丹 *Anemone hupehensis* Lemoine

形态特征： 多年生草本，根状茎细长。通常基生叶为三出复叶，稀1～2个为单叶，叶柄长，中央小叶片卵形，不分裂或3～5浅裂，边缘有密锯齿。聚伞花序；花紫红色，重瓣；萼片20，密被短茸毛。聚合果球形，直径约1.5cm。

生长习性： 生于海拔400～1800m的山坡、灌丛、沟边及林内。

地理分布： 分布于湖北、云南、四川、贵州、湖南、广西等地。武陵山区宣恩、咸丰、来凤有分布。

植物特色： 全株可入药。全草有毒，浸出液可当土农药。幼嫩植株可做绿肥。

毛茛科 **Ranunculaceae** 铁线莲属 *Clematis*

大花小木通 *Clematis armandii* Franch. var. *farquhariana* (Rehd et E. H. Wils.) W. T. Wang

形态特征： 木质藤本，小枝有棱。圆柱状茎，有纵条纹。常见三出复叶；卵状披针形至长椭圆状卵形，全缘，两面无毛。花萼片较大，4～5，白色或淡红色，长圆形或长椭圆形。扁状瘦果，呈椭圆形，疏生柔毛，宿存花柱长5cm，生白色长柔毛。

生长习性： 常生于山坡、山谷沟边、灌丛、林缘。

地理分布： 湖南武陵山区海拔300～1400m处常见，梵净山、咸丰、利川、鹤峰、宣恩、建始、巴东亦有分布。

植物特色： 全株可入药，能通经活络、引气活血、利尿消肿。浸出液可杀虫，制土农药。

单叶铁线莲 *Clematis henryi* Oliv.

形态特征： 木质藤本。主根下部常膨大成地瓜状，较粗。单叶；叶片卵状披针形，顶端渐尖，基部呈浅心形，边缘具刺状浅齿，侧脉网状。聚伞花序，腋生，常只有1花，稀2～5花；花萼片4，白色或淡黄色。瘦果密被短柔毛，宿存花柱长4.5cm。

生长习性： 常生于山谷、溪边、阴湿山坡面、林下及灌丛中。

地理分布： 产华东、华中、西南海拔100～2400m山地。武陵山区石灰岩区域常见。

植物特色： 本种在土家药中又称“救命王”，根可治胃痛、身痛、心口痛、腰腿痛、跌打损伤；外用可消炎抗菌，治腮腺炎。

大花绣球藤 *Clematis montana* Buch.-Ham. ex DC. var. *grandiflora* Hook.

形态特征： 木质藤本。茎有纵条纹。三出复叶；小叶片为长圆状椭圆形至狭卵形，叶缘有粗疏齿，两侧有1齿至全缘。花大，直径5～12cm，白色，萼片椭圆形，顶端常尾尖，外缘密生短茸毛。

生长习性： 生于海拔1100～2500m的山谷沟边、山坡灌丛中或林边。

地理分布： 产我国华北、西北、华中、华东、西南至西藏。喜马拉雅地区至尼泊尔、印度均产。武陵山区多地散见。

植物特色： 茎藤用于治疗胃寒、消化不良、肾炎水肿、腹部包块、疮疡溃烂。花洁白美丽，与绿叶相映成趣，颇具观赏价值。

华中铁线莲 *Clematis pseudootophpra* M. Y. Fang

形态特征： 草质藤本；枝、叶均光滑无毛。三出复叶；叶纸质，卵状披针形，叶表面绿色，背面灰白色。聚伞花序腋生，无毛；花序上的苞片为叶状；花淡黄色，钟形，下垂。瘦果棕色，倒卵形。

生长习性： 喜光，常生于阳坡的林下或灌木丛中。

地理分布： 分布于贵州、湖南、湖北等地。武陵山区海拔1800m山地可见此种。

植物特色： 中国特有树种。藤茎可入药， 用于治疗风湿关节痛、跌打损伤等。

狭卷萼铁线莲 *Clematis tubolosa* Turcz. var. *ichangensis* (Rehd. et Wils.) W. T. Wang

形态特征： 多年生草本或半灌木。三出复叶；小叶片纸质，宽卵圆形、椭圆形或倒卵形，长6.5～19cm，宽5～16cm，边缘有不整齐的粗锯齿或缺刻状牙齿。顶生聚伞花序长10～50cm；萼片4，蓝紫色，狭椭圆形，顶端卷曲。瘦果压扁状，椭圆形，宿存花柱羽毛状，长1.4～2cm。花期7～9月。

生长习性： 生于海拔50～2000m的溪边、荒草坡、灌丛或者悬崖上。

地理分布： 分布在安徽、贵州、湖北、湖南、陕西、山东、山西、河南、河北、浙江等地。天门山海拔1200m以上山顶稀见。

植物特色： 花蓝紫色，观赏价值高。

川鄂獐耳细辛 *Hepatica henryi* (Oliv.) Stewa

形态特征： 根状茎密生须根。叶片宽椭圆形或圆肾形，长2～5cm，宽2～8cm，基部心形，三浅裂或三裂近中部，裂片顶端短急尖，边缘有齿。花莛1～2条；花白色，萼片6，狭卵状椭圆形。

生长习性： 喜湿润气候，生于海拔1300～2500m的山地林下或坡边。

地理分布： 分布于四川、湖北、湖南。特产武陵山区。

植物特色： 全草入药，清热解热，外用可治疗跌打损伤、目赤肿痛。

鼠李科 Rhamnaceae　　枳椇属 *Hovenia*

北枳椇 *Hovenia dulcis* Thunb.

形态特征： 高大乔木。叶纸质或厚膜质，近圆形或椭圆状卵形。花黄绿色，直径6～8mm，排成不对称的顶生，花味清香；花序轴和花梗均无毛。核果近球形，成熟时黑色。

生长习性： 喜阳光充足、排水良好的环境。对土壤要求不严。多生于次生林中。

地理分布： 产西北、华东、华中。日本和朝鲜亦产。武陵山区海拔200～2000m地区散见。

植物特色： 花味清香，可做城市园林绿化树种；根系发达，成活率高，可应用作水土保持植物；材质良好，纹理美观，可做家具等精细用材；药用价值广泛；果实香甜，营养丰富，亦可酿酒、熬糖等。

蔷薇科 Rosaceae　　樱属 *Cerasus*

尾叶樱 *Cerasus dielsiana* (Schneid.) Yu et Li

形态特征： 乔木或灌木。叶长6～13m，宽2～4.5cm，长椭圆形，叶先端尾状渐尖，叶缘有尖锐单齿或重锯齿，齿端有乳头状腺体；托叶狭带形，边缘具腺齿；叶柄、叶片下面、花梗、萼筒均被开展长柔毛。先花后叶；花瓣白色或粉红色；萼片明显反折。核果近球形，径8mm，熟时红色，核光滑。

生长习性： 生于海拔500～900m的山谷、溪边或林中。

地理分布： 分布在江西、安徽、湖北、湖南、四川、广东、广西。

植物特色： 花色艳丽，为早春优良观赏树种。

蔷薇科 Rosaceae 栒子属 *Cotoneaster*

小叶栒子 *Cotoneaster microphyllus* Wall. ex Lindl.

形态特征： 常绿矮生灌木。枝条开展，枝上不生不定根。叶片厚革质，反卷。花常单生，萼片卵状三角形，花瓣平展，白色。果实球形，径5～6mm，红色，具2小核。

生长习性： 生于海拔2000～4000m的高山湿润多石坡地。性喜光，稍耐阴，喜湿润环境，耐土壤干旱、瘠薄。

地理分布： 分布在四川、云南、西藏；印度、缅甸、不丹、尼泊尔均有分布。

植物特色： 常绿矮小灌木，春开白花，秋结红果，甚美观，是点缀岩石园的良好植物。

暗红栒子 *Cotoneaster obscures* Rehd. et Wils.

形态特征： 落叶灌木。叶纸质或软革质，叶片椭圆形或菱状卵形，较大，长3～4.5cm，先端渐尖，长成叶下面有茸毛。聚伞花序生于侧生短枝上，具花3～7朵，总花梗和花梗具短柔毛。果实卵形，暗红色。

生长习性： 生于山谷、河旁丛林内。

地理分布： 产湖北、四川、云南。武陵山区海拔1600～1800m山坡灌丛中可见。

植物特色： 武陵山区稀见种。

蔷薇科 Rosaceae　　白鹃梅属 *Exochorda*

红柄白鹃梅 *Exochorda giraldii* Hesse

形态特征： 落叶灌木。小枝细弱，开展。叶片椭圆形、长椭圆形，长3～4cm，宽1.5～3cm，先端急尖、突尖或圆钝，基部楔形或宽楔形至圆形，全缘，有时中部以上有钝齿，上下两面均无毛；叶柄红色，无毛，无托叶。总状花序，有花6～10朵，无毛。蒴果倒圆锥形，具5脊，无毛。

生长习性： 喜光，较耐寒。常见于山坡、灌木林中。

地理分布： 分布于武陵山区海拔900m的石灰岩山地灌丛中。河北、河南、陕西、甘肃、浙江、湖北、四川至长江流域也有分布。

植物特色： 本种生长缓慢，分枝能力强，花大而雪白，少见虫害，且野生资源量大，可作为观赏植物；木质坚硬，可做用材；具有较大的开发价值。

蔷薇科 Rosaceae　　草莓属 *Fragaria*

东方草莓 *Fragaria orientalis* Losinsk

形态特征： 多年生草本。高5～30cm，茎被开展柔毛，上部较密。三出复叶。果实成熟后呈紫红色。花期5～7月，果期7～9月。

生长习性： 在海拔600～4000m灌丛林地、湿润草滩可见，随着海拔高度上升，植株一般变矮小。

地理分布： 产黑龙江、吉林、辽宁、内蒙古、河北、山西、陕西、甘肃、青海各地。武陵山区亦有分布。

植物特色： 又称泡泡莓，果实可食用，多用来供制果酒、果酱。全草可入药，具有止渴生津、祛痰的功效；可治疗血热性化脓症、肺胃瘀血。

蔷薇科 Rosaceae　　苹果属 *Malus*

湖北海棠 *Malus hupehensis* (Pamp.) Rehd.

形态特征： 落叶小乔木。叶卵形至卵状椭圆形，长2.5～10cm，宽2～4cm，常呈紫红色，无毛，叶缘有细锐锯齿。伞房总状花序，具花4～8；花瓣倒卵形，长约1.5cm，粉白色或近白色。果椭圆形或近球形，径约1cm，黄绿色稍带红晕；果梗长2～4cm。

生长习性： 适应性强，常生于荒山灌丛及矮林中。

地理分布： 产西北、华中、华东、华南至西南。武陵山区各地常见。

植物特色： 嫩叶晒干可作茶叶代用品，俗称花红茶，味微苦涩；果可食，亦可酿酒。早春满树缀以紫红色嫩枝、嫩叶和粉白色的花，甚为美丽，常栽为庭院观赏。

滇池海棠 *Malus yunnanensis* (Franch.) Schneid.

形态特征： 乔木。叶片卵形或宽卵形，通常具3～5浅裂，上面几乎无毛，下面密被茸毛。伞形总状花序，花梗被有茸毛；萼筒呈钟状，外面密被茸毛。果实球形，直径1～1.5cm。

生长习性： 生山坡杂木林中或山谷沟边。

地理分布： 产云南、四川、湖南。武陵山区中高山地带有分布，见于张家界。

植物特色： 本种叶片秋季变为红色，并有大量红色果实满布枝头，十分美观，可选作观赏树种；分布广泛，适应性强。果健胃消积，可入药。

蔷薇科 Rosaceae　　石楠属 *Photinia*

垂丝石楠 *Photinia komarovii* (Levl. et Vant.) L. T. Lu et C. L. Li

形态特征： 落叶灌木，全体无毛。叶纸质，侧脉每边4～8条。伞形花序生于侧枝顶端，通常仅具1～2朵花；花梗纤细如丝，与总花梗互生，弧曲下垂，长2.2～6cm。果实淡红色，卵球形，长约10mm，径约7mm，果梗长2.5～4.5cm，有瘤点。

生长习性： 喜温暖、阳光充足的环境。耐寒性强，忌水湿。生于山坡、沟谷之林下、林缘或灌丛中。

地理分布： 生长于武陵山区海拔300～800m的荒坡及林缘中。江西、福建也有分布。

植物特色： 可做观赏植物。

蔷薇科 Rosaceae　　绣线菊属 *Spiraea*

翠蓝绣线菊 *Spiraea henryi* Hemsl.

形态特征： 灌木；枝条披散。叶片椭圆形、椭圆状长圆形或倒卵状长圆形，先端急尖或稍圆钝，基部楔形，有时具少数粗锯齿，有时全缘，上面深绿色，无毛或疏生柔毛，下面密生细长柔毛，沿叶脉较多。复伞房花序密集在侧生短枝顶端，有总梗，下方有叶。蓇葖果开张，具细长柔毛，花柱向外倾斜开展，具直立或开展萼片。

生长习性： 习见于岩石坡地、山麓或山顶丛林中。

地理分布： 分布在湖北、四川、贵州等地。武陵山区海拔800～1800m的荒坡灌丛中可见，湖北巴东、宣恩、鹤峰等地常见。

植物特色： 花、叶可清热解毒、散瘀。用于治疗咽喉肿痛、跌打损伤。花序较大，花小而密集，可作为庭院观赏树种。

茜草科 Rubiaceae 香果树属 *Emmenopterys*

香果树 *Emmenopterys henryi* Oliv.

形态特征： 落叶大乔木，树皮灰褐色，鳞片状；小枝有皮孔。叶纸质，宽卵状椭圆形，全缘；托叶大，三角形，早落。圆锥状聚伞花序顶生；花先白后变淡红；花丝被茸毛。蒴果长圆形，有纵细棱；种子多数，小而有阔翅。

生长习性： 喜温暖、湿润而肥沃的透气性好的土壤；喜光，但不可暴晒。生于海拔900～1200m的阴湿山谷林中或林缘。

地理分布： 产山西、陕西、甘肃等地以南至西南地区。武陵山区各地散见。

植物特色： 我国特有植物，国家保护树种。树冠开展，花美丽，可作庭园观赏树。树皮是制蜡纸及人造棉的原料。木材无边材和心材的明显区别，结构细，纹理直，可供制家具和建筑用。耐涝，可作固堤植物。

茜草科 Rubiaceae 野丁香属 *Leptodermis*

野丁香 *Leptodermis potanini* Batalin

形态特征： 灌木。叶对生，长椭圆形或倒卵形，全缘，两面被白色短柔毛；叶柄短；托叶三角形，有刺状短尖头。花序顶生，无梗；花白色，裂片5或6。蒴果5裂，有宿萼裂片。

生长习性： 喜温暖、水分充足的肥沃疏松土壤，生于山坡、杂木林中。

地理分布： 产四川、贵州、云南、广西、湖南和湖北。武陵山区少见。

植物特色： 我国特有种。叶可入药，祛风除湿。用于治疗头疼脑热、关节风湿痛。花、果可止咳化痰。

檀香科 Santalaceae 檀梨属 *Pyrularia*

檀梨 *Pyrularia edulis* (Wall.) A. DC.

形态特征： 大灌木至乔木，树皮灰色或灰黄色，具长圆形皮孔；芽被绢毛。叶互生，厚纸质，卵状长圆形。花杂性，聚伞状总状花序；雄蕊5，花盘5裂。果梨形，顶端冠以宿存的花被裂片；种子球形。

生长习性： 生于常绿阔叶林中。

地理分布： 零星分布于我国中南、西南海拔800～2700m的中高山天然林内。见于武陵山区桑植。

植物特色： 种仁含油率为56%～65%，C18以上不饱和脂肪酸含量高于50%，经加工处理后可供食用，是一种潜在的高品质保健食用油；亦可用于制皂和入药（治烧伤、烫伤等症），茎皮入药治跌打损伤。

无患子科 Sapindaceae　　伞花木属 *Eurycorymbus*

伞花木 *Eurycorymbus cavaleriei* (Levl.) Rehd. et Hand.-Mazz.

形态特征： 落叶乔木，树皮灰色；小枝被毛。小叶近对生，薄纸质，长圆状披针形；侧脉及网脉均明显。花白色，小而密集。蒴果果瓣球形，黄褐色，被毛；种子黑色。

生长习性： 分布在海拔500m以下。生于阔叶林。喜温暖气候及阴湿环境。在深厚、肥沃的酸性壤土上生长良好。常见于石灰石低山，与滇楸、黑壳楠等混生。

地理分布： 产西南、华中至华南。武陵山区多地可见。

植物特色： 武陵山区特有种。本种花多而稠密，树冠开展，羽叶浓荫，具芳香，是良好的园林观赏树种和风景树。

虎耳草科 Saxifragaceae　　常山属 *Dichroa*

常山 *Dichroa febrifuga* Lour.

形态特征： 落叶灌木；小枝稍具四棱。叶形状大小差异大，常椭圆形、椭圆状长圆形或披针形，边缘具锯齿或粗齿，一至两面紫色。伞房状圆锥花序顶生，花蓝色或白色。

生长习性： 生于阴湿林中。

地理分布： 秦岭以南各地均有分布。武陵山区分布于海拔300～1000m的阴湿沟谷中。贵州以印江等地分布较多。湖北鹤峰、利川等地分布较多。

植物特色： 药用植物。湖北鹤峰俗称其“黑胡椒”；根含有常山素（Dichroin），可入药，有抗疟疾、祛痰的功效。果实亦可做调料用。

虎耳草科　Saxifragaceae　　独根草属　*Oresitrophe*

无毛独根菜　*Oresitrophe rupifraga* Bunge var. *glabrescens* W. T. Wang

形态特征： 一年生或二年生草本。植株光滑无毛，较柔弱。茎直立或呈铺散状分枝。叶抽薄；基生叶及茎下部叶具长柄，两侧具窄翼；叶片常为大头羽状分裂。

生长习性： 生于山坡路旁、山谷、河边等潮湿处。

地理分布： 产河南、湖南等地。武陵山区张家界地区有分布。

植物特色： 药用植物。具有祛痰止咳、解表散寒、消肿止痛等作用。

虎耳草科　Saxifragaceae　　梅花草属　*Parnassia*

鸡眼梅花草　*Parnassia wightiana* Wall. ex Wight et Arn.

形态特征： 多年生草本。根状茎粗大，块状，其上有残存褐色鳞片，下部和周围长出多数密集而细长的根。基生叶2～4，具长柄；叶片宽心形，先端圆或有突尖头，基部弯缺深浅不等，呈微心形或心形，边薄，全缘，向外反卷。种子长圆形，褐色，有光泽。

生长习性： 生于山谷疏林下、山坡杂草中、沟边和路边等处。

地理分布： 产陕西、湖北、湖南、广东、广西、贵州、四川、云南和西藏。印度和不丹亦产。武陵山区海拔600～2000m有零星分布。

植物特色： 药用植物。全草可入药，具有清热解毒、止咳消肿等功效，可治疗咳嗽吐血、湿病疮毒等症。

虎耳草科 Saxifragaceae　　虎耳草属 *Saxifraga*

扇叶虎耳草 *Saxifraga rufescens* Balf. f. var. *flabellifolia* C. Y. Wu et J. T. Pan

形态特征： 多年生草本。叶片基部通常楔形至截形。花瓣3～5（8）脉。

生长习性： 生于林下，沟边湿地或石隙中。

地理分布： 产四川东部、云南和湖南西部。武陵山区张家界海拔1000m左右可见。

植物特色： 武陵山区稀见种。叶形奇特，花枝繁盛，可供观赏。

玄参科 Scrophulariaceae　　呆白菜属 *Triaenophora*

呆白菜 *Triaenophora rupestris* (Hemsl.) Soler.

形态特征： 全株密被白色绵毛，茎、花梗、叶柄及萼上的绵毛常结成网膜状。基生叶较厚；叶长椭圆形或卵状矩圆形，被白色绵毛或近于无毛。小苞片条形，着生于花梗中部；花冠狭筒状，紫红色，伸直；花丝无毛，着生处被长柔毛；子房卵形。蒴果矩圆形；种子小，矩圆形。

生长习性： 生于海拔900～1500m的悬岩上。

地理分布： 产湖北、湖南。武陵山区少见。

植物特色： 全草有明目、补肾功效，可用于治疗月经不调。

玄参科 Scrophulariaceae

婆婆纳属 *Veronica*

华中婆婆纳 *Veronica henryi* Yamazaki

形态特征： 茎直立、上升或中下部匍匐，着地部分节外也生根。叶薄纸质，卵形至长卵形。疏生的花数朵组成总状花序，侧生于茎上部叶腋，花序轴和花梗被细柔毛；花梗直，花萼裂片条状披针形；花冠白色或淡红色，具紫色条纹。蒴果折扇状菱形，上部疏生多细胞腺质硬睫毛。

生长习性： 生于海拔2300～2700m的阴湿地。

地理分布： 产云南、贵州、四川、湖北、湖南、江西。武陵山区常见。

植物特色： 全草具清热解毒、活血化瘀、活络的功效。

省沽油科 Staphyleaceae

省沽油属 *Staphylea*

膀胱果 *Staphylea holocarpa* Hemsl.

形态特征： 落叶灌木或小乔木。三出羽状复叶，对生，有托叶，小叶椭圆形；顶生小叶基部不下延，边缘有细齿，无毛，具长柄；侧生小叶具短柄。腋生圆锥花序下垂。蒴果3裂，梨形或椭圆形，先端突锐尖或浅裂；种子灰褐色，有光泽。

生长习性： 生长于海拔400～2700m的阴坡潮湿地。

地理分布： 产陕西、甘肃、湖北、湖南、广东、广西、贵州、四川、西藏东部。武陵山区中高海拔段常见。

植物特色： 叶密花繁，尤以其果实呈泡囊状的膜质蒴果，未熟时绿色或带有浅紫色，颇为特殊，极富观赏价值。种子可榨油。

省沽油科 Staphyleaceae　山香圆属 *Turpinia*

硬毛山香圆 *Turpinia affinis* Merr. et Perry

形态特征： 乔木，仅花序具毛，树皮深褐色。羽状复叶对生，具圆形叶痕与托叶痕，小叶5～7（9），革质，椭圆状长圆形，边缘具钝齿。圆锥花序顶生，被短柔毛。浆果近圆形，有疤痕，花柱宿存，被疏短细硬毛。

生长习性： 生于海拔800m以下的湿润山谷阔叶林中或林下。

地理分布： 产广西、四川、云南、湖南、贵州。武陵山区散见。

植物特色： 可作观赏树。树干可培养香菇、木耳；叶可做饲料。

梧桐科 Sterculiaceae　梭罗树属 *Reevesia*

瑶山梭罗树 *Reevesia glaucophylla* Hsue

形态特征： 落叶乔木，高8～16m；树皮纵裂。叶纸质或薄革质，上面沿主脉和侧脉被淡黄褐色星状短柔毛，下面密被灰白色星状短柔毛，通常有白霜。聚伞状伞房花序顶生，被淡黄褐色星状短柔毛，花5数。蒴果有5棱，密被淡黄褐色星状短柔毛；种子有翅，翅红色。

生长习性： 生于山坡上或山谷疏林中。

地理分布： 产广西、广东和湖南西部。武陵山区散见。

植物特色： 可用于园林绿化；果实具有营养保健和药用价值。

安息香科 Styracaceae **秤锤树属 *Sinojackia***

长果秤锤树 *Sinojackia dolichocarpa* C. J. Qi

形态特征： 落叶乔木或灌木。单叶互生，纸质，具细锯齿，无毛或仅叶背叶脉腋有长柔毛。总状聚伞花序，花梗、花萼管、子房、花柱均密被灰色绵毛状长柔毛。果倒圆锥形，具8条纵脊，密被灰褐色开展的长柔毛和极短的星状毛。

生长习性： 生于海拔200～400m的林缘、灌丛中或山谷溪边，多见于石灰岩土壤中。

地理分布： 见于武陵山区各地，湖南主要分布于张家界市五道水镇、龙潭坪镇和芭茅溪乡的汪家坪、茅垭、水田坝。

植物特色： 国家重点保护植物，我国特有的珍贵园林观赏树种和药用素剂提取物种，又是“活化石”植物。

安息香科 Styracaceae 安息香属 *Styrax*

老鸹铃 *Styrax hemsleyanus* Diels

形态特征： 乔木。叶纸质，小枝最下两叶近对生，长圆形或卵状长圆形；小枝上部叶互生，椭圆形或卵状椭圆形，上部边缘具锯齿，仅叶脉疏生灰褐色星状短柔毛。总状花序；花序梗和花梗密被黄褐色星状茸毛；子房上位。核果肉质而干燥；果小，球形至卵形，密被黄褐色或灰黄色星状茸毛。

生长习性： 生于海拔700～1700m的向阳山坡、疏林中、林缘或灌丛中。

地理分布： 产贵州、四川、湖北、河南、湖南、陕西等地。武陵山区常见。

植物特色： 武陵山区特有种。叶薄，花序长达15cm，是湖南产的该属植物中花序最长的种。种子油可制肥皂及机器滑润油；花美丽，可作观赏植物。

红豆杉科 Taxaceae　　白豆杉属 *Pseudotaxus*

白豆杉 *Pseudotaxus chienii* (Cheng) Cheng

形态特征： 常绿灌木，高2～4m。叶条形，长1.5～2.6cm，宽2.5～4.5mm，先端突尖，基部近圆形，有短柄，两面中脉隆起。假种皮白色，肉质，杯状，种子卵圆形。

生态习性： 耐阴树种，喜温凉湿润气候，常生于海拔900m以上陡坡、深谷密林下或悬崖上。

地理分布： 星散分布于浙江、江西、广东、广西及湖南。在武陵源、永定、桑植、慈利海拔1000～1800m的山顶危壁及林缘有见。

植物特色： 第三纪残遗单种属植物；国家二级重点保护植物。树形优美，四季常青，肉质白色的假种皮，别致可观，可作园景树等用，是庭院、道路、广场绿化和室内观赏的新型热门树种。

红豆杉科 Taxaceae　　红豆杉属 *Taxus*

红豆杉 *Taxus wallichiana* Zucc. var. *chinensis* (Pilg.) Florin

形态特征： 常绿乔木。条形叶两列，微弯或较直，下面中脉带上密生细小乳头状突起。假种皮红色，肉质，杯状；种子卵圆形，上部具2钝棱脊。

生态习性： 生于海拔800m以上的山谷疏林、溪边；性耐阴，喜温暖湿润气候及肥沃、排水良好的土壤；生长慢，可成大树。

地理分布： 主要分布于大巴山区、武陵山区及广西北部。

植物特色： 中国特有种。木材珍贵，素有“千楸万梓八百杉，不如红榧一枝桠”之美誉；红豆点缀葱绿树冠，观赏价值高；药用价值高，树皮及枝叶富含抗癌药物“紫杉醇”，近年来被誉为“植物黄金”。母株已不多见，现为国家一级重点保护野生植物。

红豆杉科 Taxaceae

榧树属 *Torreya*

巴山榧树 *Torreya fargesii* Franch.

形态特征： 常绿乔木。叶条形，先端微凸尖或微渐尖，具刺状短尖头，叶下面有两条白色的气孔带。种子卵圆形、圆球形或宽椭圆形，肉质假种皮微被白粉。

生态习性： 喜温凉气候，适生于酸性或微酸性的山地黄壤，在土层深厚肥沃、排水良好的土壤上生长良好，在土层浅薄的环境也能生长。

地理分布： 分布在陕西南部，湖北西部，四川东部、东北部及西部峨眉山海拔1000～1800m地带。武陵山区为其主产区之一。

植物特色： 中国特有种；国家二级重点保护植物。多生长在悬崖陡壁上，生境恶劣，常年多云雾。优良用材树种，野生资源砍伐严重，种群日益缩减。

水青树科 Tetracentraceae

水青树属 *Tetracentron*

水青树 *Tetracentron sinense* Oliv.

形态特征： 落叶乔木，全株无毛。小枝皮孔突起。叶片卵状，顶端渐尖，基部近圆形，边缘有锯齿；叶柄基部与托叶合生。花为淡黄色；萼片卵圆形，比雄蕊短。果黄褐色长圆形，4深裂，种子呈线形。

生长习性： 耐阴，喜生境湿度大，树干密布苔藓。生于沟谷及溪边杂木林中。

地理分布： 产甘肃、陕西、湖北、湖南、四川、贵州、云南等地。尼泊尔、缅甸、越南亦有。武陵山区多见。

植物特色： 国家二级保护植物，第三纪残遗珍稀树种。木材结构细密，可制家具；树干端直，树形优美，叶形奇特，可用作观赏植物。

山茶科 Theaceae 杨桐属 *Adinandra*

杨桐 *Adinandra millettii* (Hook. et Arn.) Benth. et Hook. f. ex Hance

形态特征： 灌木或小乔木。树皮灰褐色，枝圆筒形，小枝褐色，无毛。叶互生，革质，长圆状椭圆形，顶端短渐尖或近钝形。果圆球形，疏被短柔毛，直径约1cm，熟时黑色；种子多数，深褐色，有光泽，表面具网纹。

生长习性： 多生于山坡路旁灌丛中或密林中。

地理分布： 产长江流域及以南地区。武陵山区海拔100～1300m均有分布。

植物特色： 景观植物。可作庭园树或绿篱栽植，也可植作盆景或切枝作插花的配用材料。

山茶科 Theaceae 山茶属 *Camellia*

西南红山茶 *Camellia pitardii* Coh.

形态特征： 灌木或小乔木；嫩枝无毛。叶窄，长8～12cm，宽2.5～4cm，先端渐尖或长尾状，基部楔形，叶下面无毛。花红色，少数为淡白色；子房无沟，被茸毛。蒴果表面无褶皱或瘤状。

生长习性： 生于沟谷水边和疏林。

地理分布： 产四川、湖南、云南、贵州。武陵山区海拔1000～2800m常见。湖南以桑植、溆浦等地，湖北以印江、江口等地分布较多。

植物特色： 可做观赏植物，在园艺上常用其作为繁殖山茶属花木的砧木；可入药，有活血止血、解毒之效，以及治疗急性胃肠炎等病症。

西南白山茶 *Camellia pitardii* Cohen-Stuart var. *alba* Chang

形态特征： 小乔木，高3～8m，嫩枝通常无毛。叶革质，长圆状椭圆形，边缘具尖锐细锯齿，侧脉在两面均可见。花白色，无花梗；花瓣5～6，长3.5～4.5cm，先端凹入，基部连合。蒴果扁球形或近球形，果瓣厚；种子褐色。

生长习性： 喜阴湿，宜湿润肥沃土壤，生于海拔500～1600m的山谷、溪边或林下。

地理分布： 分布在四川、贵州、云南。产武陵山区的桑植、永顺、保靖、梵净山。

植物特色： 花大美丽，为优良庭园观赏植物。种子榨油，可供食用。

山茶科 Theaceae 柃属 *Eurya*

格药柃 *Eurya muricata* Dunn

形态特征： 常绿灌木，全株无毛。顶芽长锥形；叶椭圆形，革质，边缘具细钝锯齿；叶面具光泽，深绿色。花簇生叶腋；雌雄异花；花瓣5，白色；子房圆球形，具3室。果实圆球形，直径4～5mm，成熟时紫黑色。

生长习性： 生于海拔350～1300m的山坡林中或林缘灌丛中。

地理分布： 分布我国长江以南各地。

植物特色： 树皮可提取栲胶；花是优良的蜜源植物。

四角柃 *Eurya tetragonoclada* Merr. et Chun

形态特征： 灌木或乔木，全株无毛。嫩枝具有显著4棱。叶革质，长圆形或长圆状倒披针形，长7～11cm，边缘有细钝齿，侧脉在两边均隆起。萼片边缘没有腺点；花药有分格；子房与果实均呈近圆球形。

生长习性： 多生于沟谷或山顶密林中或山坡灌丛阴地。

地理分布： 产长江流域以南地区。武陵山区慈利、桑植、建始、鹤峰、宣恩等地海拔50～1600m的林下、林缘分布最多。

植物特色： 药用植物。其根具有消肿止痛的功效，常用于治疗跌打损伤。

山茶科　Theaceae　　木荷属　*Schima*

小花木荷　*Schima parviflora* Cheng et Chang ex Chang

形态特征： 乔木，小枝红褐色，有棱。叶薄革质或近纸质，长圆形或披针形，下面淡绿色，至少叶背沿中脉有毛，有细钝齿。花生于枝顶组成总状花序；子房被毛，花柱短。蒴果扁球形。

生长习性： 生于海拔800m以下的山谷和山坡。

地理分布： 产湖南、四川、贵州及西藏东部。武陵山区的来凤、利川、桑植等地常见。

植物特色： 木材可供建筑及制家具用。

瑞香科 Thymelaeaceae　　瑞香属 *Daphne*

尖瓣瑞香 *Daphne acutiloba* Rehd.

形态特征： 常绿灌木；幼枝贴生淡黄色短茸毛，老枝则无毛。叶互生，革质，上下两面均无毛；花白色，芳香，头状花序顶生，5～7朵；花萼筒为圆筒状，外面无毛，顶端渐尖，稀急尖。核果成熟时为红色，球形。

生长习性： 喜阴凉湿润气候，生于丛林中。

地理分布： 产湖北、四川、云南东部。武陵山区分布在海拔1200m以上，湖南以石门、张家界常见。

植物特色： 韧皮纤维可作造纸原料；种子可榨油；叶及花可用于提炼杀虫剂；本种花色洁白，可引种于庭园内作观赏植物。

瑞香科 Thymelaeaceae　　荛花属 *Wikstroemia*

城口荛花 *Wikstroemia fargesii* (Lecomte) Domke

形态特征： 灌木。枝微红，无毛，圆柱形。叶小，纸质，对生，近圆形，具2条弧形主脉。花簇生于多分枝的侧生枝条的顶端，花梗基部具关节，花药近箭形，花丝短；花柱短，柱头红色。果卵状梨形，基部圆，先端渐尖。

生长习性： 生于海拔1200～1600m的中山灌丛中。

地理分布： 分布在湖南和四川。武陵山区有分布。

植物特色： 武陵山区稀见种；可作园林花灌木。

椴树科 Tiliaceae 椴树属 *Tilia*

桑植椴 *Tilia oblongifolia* Rehd. var. *sangzhiensis* B. R. Liao et W. X. Wang

形态特征： 落叶乔木。嫩枝密被黄褐色茸毛或星状毛，顶芽及老枝有毛。叶背、叶柄和苞片均密被白色星状毛。果实近球形，被星状茸毛。果期7月。

生长习性： 生长于海拔600～1000m的地区，多生在山坡林中、山坡和溪谷疏林中。

地理分布： 湖南桑植县。

植物特色： 武陵山区桑植特有树种。

榆科 Ulmaceae 榉属 *Zelkova*

榉树 *Zelkova serrata* (Thunb.) Makino

形态特征： 落叶乔木，高达30m，胸径可达1m；树皮灰白色，呈片状剥落。当年枝呈褐色，后渐脱落；冬芽圆锥状卵形。叶纸质，长3～10cm，宽1.5～5cm，大小形状变异很大；叶面绿，干后绿，叶背浅绿，边缘具圆齿状锯齿，有短尖头；叶柄粗短，被短柔毛；托叶膜质，紫褐色，披针形。子房覆细毛。淡绿色核果无梗，圆锥形，径2.5～3.5mm，具背腹脊，表面被柔毛，具宿存的花被。

生长习性： 生于河谷、溪边疏林；常见于海拔500～1900m。中性树种，喜光又稍耐阴。喜温暖气候，深根性，侧根广展，抗风力强。

地理分布： 产辽宁、秦巴山区至南岭山地。日本和朝鲜亦产。武陵山区各地常见。

植物特色： 国家二级重点保护野生植物。木材坚韧，花纹美丽，供上等家具等用。茎皮富纤维，供制绳索。秋叶鲜黄至紫红，有园林观赏价值。皮和叶供药用。

伞形科 Umbelliferae　　当归属 *Angelica*

重齿当归 *Angelica biserrata* (Shan et Yuan) Yuan et Shan

形态特征： 多年生高大草本。根棕褐色，有特殊香气。叶二回三出式羽状复叶，宽卵形，全裂；茎生叶叶柄基部膨大成长5～7cm的长管状、半抱茎的厚膜质叶鞘；末回裂片膜质。复伞形花序；花序托叶变为囊状膨大的叶鞘。椭圆形侧翅与果体等宽或略狭，背棱线形，隆起。

生长习性： 生于阴湿山坡、林下草丛中或稀疏灌丛中。

地理分布： 产四川、湖北、江西、安徽、湖南、浙江等地。武陵山区海拔1200m以上林中可见。

植物特色： 根为中药独活的主要品种，主治风寒湿痹、腰膝酸痛、头痛、齿痛、痈疡等症。

伞形科 Umbelliferae 柴胡属 *Bupleurum*

大叶柴胡 *Bupleurum longiradiatum* Turcz.

形态特征： 多年生草本，高0.8～1.5m。茎1～3，多分枝。叶形大，叶背面带粉绿色，基生叶阔卵状椭圆形或披针形，成叶鞘抱茎。伞形花序有花5～16，花黄色，直径1～1.5mm，花柄粗，不等长。果长圆状椭圆形，褐色，被白粉。

生长习性： 生于山坡林下或草地。

地理分布： 产黑龙江、吉林、辽宁、内蒙古、甘肃等地。武陵山区海拔600m以上湿润地带偶见。

植物特色： 根及地上部分可入药。有疏风退热、疏肝、升阳之效。用于治疗感冒伤寒、疟疾、胸胁胀痛、月经不调、脱肛。

伞形科 Umbelliferae 羌活属 *Notopterygium*

羌活 *Notopterygium incisum* Ting ex H. T. Chang

形态特征： 多年生草本，根茎粗壮，伸长呈竹节状。根颈部有枯萎叶鞘。茎直立，圆柱形，中空，有纵直细条纹，带紫色。三出式三回羽状复叶，末回裂片长圆状卵形至披针形，边缘缺刻状浅裂至羽状深裂。复伞形花序。分生果长圆状，背腹稍压扁，主棱扩展成翅。

生长习性： 生于海拔2000～4000m的林缘及灌丛内。

地理分布： 产陕西、四川、湖南、甘肃、青海、西藏。武陵山区仅见于张家界。

植物特色： 发散风寒，用于治疗外邪所致头痛或肢节疼痛。

荨麻科 Urticaceae　　楼梯草属 *Boehmeria*

楼梯草 *Elatostema involucratum* Franch. et sav.

形态特征： 多年生草本；茎不分枝，少数1分枝。叶草质，斜椭圆形，偶有镰状弯曲，表面稍有短毛，背面无毛或沿脉有短毛，钟乳体明显；花序雌雄同株或异株。瘦果卵球形，有少数不明显纵肋。

生长习性： 生于溪边、山谷沟边石上以及山谷阴湿地、山坡阴地或灌丛中。

地理分布： 产长江流域及以南地区。日本亦产。武陵山区海拔200～2000m均常见。

植物特色： 全草药用，有活血祛瘀、清热解毒、利水消肿之效。

马鞭草科 Verbenaceae　　紫珠属 *Callicarpa*

广东紫珠 *Callicarpa kwangtungensis* Chun

形态特征： 灌木；幼枝紫色，被星状毛。叶片披针形，长15～26cm，宽3～5cm，叶背密生较显著的小黄色腺点。二歧聚伞花序腋生；花冠白色或带紫红色；子房无毛，有黄色腺点。球形果实，直径约3mm。

生长习性： 生于海拔300～1600m的山坡林、灌丛中。

地理分布： 分布浙江、江西、湖南、湖北、贵州、福建、广东、广西、云南。

植物特色： 药用植物，用于治疗胸痛、吐血、偏头痛、胃痛、外伤出血。

主要参考文献

1. 陈昌笃, 李迪华. 湖南省武陵源地区的生物多样性和生态完整性[J]. 生态学报, 2003, 23(11): 2414−2423.
2. 陈功锡, 廖文波. 武陵山地区种子植物区系特征及植物地理学意义[J]. 中山大学学报: 自然科学版, 2001, 40(3): 74−78.
3. 陈功锡, 廖文波. 武陵山地区种子植物区系特征与性质研究[J]. 植物研究, 2002, 22(1): 98−120.
4. 陈功锡, 刘世彪, 敖成齐, 等. 武陵山地区种子植物区系中的中国特有属研究[J]. 西北植物学报, 2004, 24(5): 865−871.
5. 陈功锡, 张代贵, 徐亮, 等. 武陵山区湖南新纪录植物 (II)[J]. 吉首大学学报 (自然科学版), 2011, 32(1): 74−78.
6. 傅立国, 陈潭清, 郎楷永, 洪涛, 佘孟兰, 刘守炉. 中国高等植物[M]. 青岛: 青岛出版社, 2001−2012.
7. 傅立国. 中国植物红皮书: 稀有濒危植物. 第一册[M]. 北京: 科学出版社, 1991.
8. 龚双姣, 陈功锡. 武陵山地区珍稀濒危植物及其保护利用[J]. 广西植物, 2006, 26(3): 242−248.
9. 谷中村, 陈功锡, 黄玉莲, 等. 湘西药用植物名录[J]. 中国植物学会七十周年年会论文摘要汇编 (1933—2003), 2003.
10. 谷中村, 石进, 张丽, 等. 湘西植物性农药资源概况和开发前景[J]. 生命科学研究, 2002, 6(4): 16−20.
11. 何功秀, 王旭, 刘兴锋, 等. 湘西 1 年生和多年生森林蔬菜营养成分分析[J]. 经济林研究, 2012, 30(3): 71−74.
12. 胡光万, 刘克明, 雷立公. 湖南重楼属植物小志[J]. 生命科学研究, 2002, 6(3): 250−254.
13. 黄宏全. 天门山: 绝壁顶端的花园[J]. 森林与人类, 2014, 8: 027.
14. 李家湘, 罗开文, 黄宏全, 等. 湖南张家界天门山种子植物区系新资料[J]. 热带亚热带植物学报, 2008, 16(6): 573−576.
15. 李晓东, 黄宏文, 李作洲, 等. 濒危植物巴东木莲的分布及保护策略[J]. 武汉植物学研究, 2004, 22(5): 421−427.
16. 廖博儒, 吴明煜, 戴灵鹏, 等. 湖南武陵源种子植物区系初步研究[J]. 武汉植物学研究, 2004, 22(3): 231−239.
17. 刘克明, 杨保民. 湖南植物志[J]. 长沙: 湖南科学技术出版社, 2000.
18. 刘克旺, 杨旭红. 湖南木兰科植物分类和地理分布的研究[J]. 武汉植物学研究, 2001, 19(2): 121−127.
19. 刘世彪, 彭友林. 武陵山地区野生果树种质资源及其开发利用[J]. 果树学报, 2002, 19(6): 399−405.
20. 刘翔, 王昌华, 张植玮, 等. 武陵山珍稀濒危及名贵药用植物资源研究[J]. 重庆中草药研究, 2012 (2): 5−10.
21. 罗开文, 喻勋林, 刘兴锋, 等. 天门山国家森林公园植被调查[J]. 湖南林业科技, 2009, 36(1): 37−38.
22. 彭春良, 颜立红, 黄宏全, 等. 中国湖南杜鹃花科杜鹃花属一新种——天门山杜鹃[J]. 植物分类学报, 2007, 45(3): 304−306.
23. 彭春良, 颜立红, 廖菊阳, 等. 湖南杜鹃花属一新种——张家界杜鹃[J]. 植物研究, 2007, 27(4): 385−387.
24. 祁承经, 林亲众. 湖南树木志[M]. 长沙: 湖南科学技术出版社, 2000.
25. 祁承经, 喻勋林. 湖南省种子植物总览[M]. 长沙: 湖南科学技术出版社, 2002.
26. 田关森. 中国森林蔬菜[M]. 北京:中国林业出版社, 2009.
27. 王骏, 江海声, 冯敏. 湘西北武陵山区域猕猴资源及其保护[J]. 热带地理, 1992, 12(1): 65−70.
28. 王诗云, 徐惠珠, 赵子恩, 等. 湖北及其邻近地区珍稀濒危植物保护的研究[J]. 植物科学学报, 1995, 13(4): 354−368.
29. 王诗云. 华中珍稀濒危植物及其保存[M]. 北京: 科学出版社, 1995.
30. 王万贤, 廖博儒. 中国椴树科矩圆叶椴一新变种[J]. 植物分类学报, 1997, 35(2): 192−192.
31. 王文采. 武陵山地区维管植物检索表[M]. 北京: 科学出版社, 1995.
32. 徐亮, 张代贵, 李子杰, 等. 武陵山区湖南新纪录植物 (Ⅴ)[J]. 吉首大学学报 (自然科学版), 2011, 32(5).
33. 颜立红, 方英才, 彭春良. 壶瓶山长果秤锤树调查初报[J]. 湖南林业科技, 1990, 3: 019.
34. 晏丽, 齐安国, 廖博儒. 张家界盆景树种资源的合理开发利用[J]. 山东林业科技, 2005 (1): 80−81.
35. 易同培. 竹亚科新资料[J]. 植物研究, 1986, 4: 25−30.
36. 张程, 彭重华, 刘晖, 等. 湘西北长果安息香群落区系组成与特征[J]. 南京林业大学学报: 自然科学版, 2012, 36(3): 144−148.

37. 张代贵, 徐亮, 康祖杰, 等. 武陵山区湖南新纪录植物 (III)[J]. 吉首大学学报 (自然科学版), 2011, 32(2):78−82.
38. 张代贵, 徐亮, 李进忠, 等. 武陵山区湖南新纪录植物 (Ⅳ)[J]. 吉首大学学报 (自然科学版), 2011, 32(3): 74−90.
39. 张国珍, 张代贵. 湖南壶瓶山植物志[M]. 长沙: 湖南科学技术出版社, 2009.
40. 赵奇僧, 朱政德. 竹亚科酸竹属的研究[J]. 植物分类学报, 1991, 29(6): 517−524.
41. 赵运林. 湖南药用植物资源[M]. 长沙: 湖南科学技术出版社, 2009.
42. 中国植物志编委会. 中国植物志(6−80卷)[M]. 北京: 科学出版社, 1978−2013.
43. 钟颖, 张永东, 瞿显友, 等. 武陵山区中草药资源研究[J]. 中医药导报, 2006, 12(2): 64−65.
44. Deng Y F, Wood, J. R. I. & Fu Y. *Strobilanthes biocullata* (Acanthaceae), a new species from Hunan, China[J]. Novon, 2010, 20: 406-411.
45. Editorial Committee of Flora of China. Flora of China [M]. Beijing: Science Press. Accessed: http://www.floraofchina.org/
46. Li J, Yu X. *Astragalus wulingensis* (Leguminosae), a new species from Hunan China[J]. Phytotaxa, 2014, 159(4): 279-286.
47. Wang Y L, Yang J F, Zhang S Z. *Magnolia denudata* var. *glabrata* var. nov.(Magnoliaceae) from Hunan, China[J]. Nordic Journal of Botany, 2014, 32(2): 160-166.

附表：武陵山区珍稀特色植物一览表

序号	科名	科拉丁名	种名	种拉丁名
1	爵床科	Acanthaceae	板蓝	*Baphicacanthus cusia* (Nees) Bremek.
2	爵床科	Acanthaceae	湖南马蓝	*Strobilanthes biocullata* Y. F. Deng & J. R. I.
3	槭树科	Aceraceae	紫果槭	*Acer cordatum* Pax
4	槭树科	Aceraceae	橄榄槭	*Acer elegantulum* W. P. Fang & P. L. Chiu
5	槭树科	Aceraceae	罗浮槭(红翅槭）	*Acer fabri* Hance
6	槭树科	Aceraceae	扇叶槭	*Acer flabellatum* Rehd.
7	槭树科	Aceraceae	血皮槭	*Acer griseum* (Franch.) Pax
8	槭树科	Aceraceae	毛果槭	*Acer maximowiczianum* Miq.
9	槭树科	Aceraceae	杈叶槭	*Acer robustum* Pax
10	槭树科	Aceraceae	红脉槭	*Acer rubronervium* Y. K. Li
11	槭树科	Aceraceae	元宝槭	*Acer truncatum* Bunge
12	槭树科	Aceraceae	金钱槭	*Dipteronia sinensis* Oliv.
13	猕猴桃科	Actinidiaceae	紫果猕猴桃	*Actinidia arguta* (Sieb. et Zucc.) Planch. ex Miq. var. *purpurea* (Rehd.) C.F.Liang
14	猕猴桃科	Actinidiaceae	京梨猕猴桃	*Actinidia callosa* Lindl. var. *henryi* Maxim.
15	猕猴桃科	Actinidiaceae	清风藤叶猕猴桃	*Actinidia sabiaefolia* Dunn
16	猕猴桃科	Actinidiaceae	显脉猕猴桃	*Actinidia venosa* Rehd.
17	石蒜科	Amaryllidaceae	乳白石蒜	*Lycoris albiflora* Koidz.
18	石蒜科	Amaryllidaceae	黄花石蒜（忽地笑）	*Lycoris aurea* (L' Her.) Herb
19	石蒜科	Amaryllidaceae	中国石蒜	*Lycoris chinensis* Traub.
20	石蒜科	Amaryllidaceae	玫瑰石蒜	*Lycoris rosea* Traub et Moldenke
21	漆树科	Anacardiaceae	毛黄栌	*Cotinus coggyria* Scop. var. *pubscens* Engl.
22	漆树科	Anacardiaceae	红麸杨	*Rhus punjabensis* Stew. var. *sinica* (Diels) Rehd. et Wils
23	番荔枝科	Annonaceae	瓜馥木	*Fissistigma oldhamii* (Hemsl.) Merr.
24	冬青科	Aquifoliaceae	华中冬青（华中枸骨）	*Ilex centrochinensis* S. Y. Hu
25	冬青科	Aquifoliaceae	大果冬青	*Ilex macrocarpa* Oliv.
26	冬青科	Aquifoliaceae	四川冬青	*Ilex szechwanensis* Loes.
27	五加科	Araliaceae	中华五加	*Acanthopanax sinensis* Hoo
28	五加科	Araliaceae	食用土当归	*Aralia cordata* Thunb.
29	五加科	Araliaceae	竹节参	*Rhizoma panacis* Japonici
30	凤仙花科	Balsaminaceae	睫毛萼凤仙花	*Impatiens blepharosepala* Pritz. ex Diels
31	凤仙花科	Balsaminaceae	牯岭（萼）凤仙花	*Impatiens davidii* Franch.
32	凤仙花科	Balsaminaceae	红雉凤仙花	*Impatiens oxyanthera* Hook. f.
33	凤仙花科	Balsaminaceae	块节凤仙花	*Impatiens pinfanensis* Hook. f.
34	秋海棠科	Begoniaceae	掌裂叶秋海棠	*Begonia pedatifida* Levl.
35	小檗科	Berberidaceae	川鄂小檗	*Berberis henryana* Schneid.
36	小檗科	Berberidaceae	石门小檗	*Berberis oblanceifolia* C. M. Hu
37	小檗科	Berberidaceae	红毛七	*Caulophyllum robustum* Maxim.
38	小檗科	Berberidaceae	小八角莲	*Dysosma difformis* (Hemsl. et Wils.) T. H. Wang ex Ying
39	小檗科	Berberidaceae	湖南淫羊藿	*Epimedium hunanense* (Hand.-Mazz.) Hand.-Mazz.
40	小檗科	Berberidaceae	黔岭淫羊藿	*Epimedium leptorrhizum* Stearn
41	小檗科	Berberidaceae	阔叶十大功劳	*Mahonia bealei* (Fort.) Carr.
42	小檗科	Berberidaceae	十大功劳	*Mahonia fortunei* (Lindl.) Fedde

序号	科名	科拉丁名	种名	种拉丁名
43	桦木科	Betulaceae	江南桤木	*Alnus trabeculosa* Hand.-Mazz.
44	桦木科	Betulaceae	坚桦	*Betula chinensis* Maxim
45	桦木科	Betulaceae	大庸鹅耳枥	*Carpinus dayongina* K. W. Liu et Q. Z. Lin
46	桦木科	Betulaceae	石门鹅耳枥	*Carpinus shimenensis* C.J.Qi
47	桦木科	Betulaceae	华榛	*Corylus chinensis* Franch.
48	紫草科	Boraginaceae	浙赣车前紫草	*Sinojohnstonia chekiangensis* (Migo) W. T. Wang ex Z. Y. Zhang
49	紫草科	Boraginaceae	短蕊车前紫草	*Sinojohnstonia moupinensis* (Franch.) W. T. Wang
50	伯乐树科	Bretschneideraceae	伯乐树	*Bretschneidara sinensis* Hemsl.
51	桔梗科	Campanulaceae	丝裂沙参	*Adenophora capillaris* Hemsl.
52	桔梗科	Campanulaceae	大花金钱豹	*Campanumoea javanica* Bl.
53	桔梗科	Campanulaceae	金钱豹	*Campanumoea javanica* Bl. subsp. *japonica* (Makino) Hong
54	桔梗科	Campanulaceae	长叶轮钟花	*Campanumoea lancifolia* (Roxb.) Merr.
55	桔梗科	Campanulaceae	川党参	*Codonopsis tangshen* Oliv.
56	忍冬科	Caprifoliaceae	南方六道木	*Abelia dielsii*(Graebn.) Rehd.
57	忍冬科	Caprifoliaceae	二翅六道木	*Abelia macrotera* (Graebn. et Buchw.) Rehd.
58	忍冬科	Caprifoliaceae	短枝六道木（蒲梗花）	*Abelia uniflora* R. BrownR. Br.
59	忍冬科	Caprifoliaceae	金银花（忍冬）	*Lonicera japonica* Thunb.
60	忍冬科	Caprifoliaceae	女贞叶忍冬	*Lonicera ligustrina* Wall.
61	忍冬科	Caprifoliaceae	蕊帽忍冬	*Lonicera pileata* Oliv.
62	忍冬科	Caprifoliaceae	细毡毛忍冬	*Lonicera similis* Hemsl
63	忍冬科	Caprifoliaceae	盘叶忍冬	*Lonicera tragophylla* Hemsl.
64	忍冬科	Caprifoliaceae	短序荚蒾	*Viburnum brachybotryum* Hemsl.
65	忍冬科	Caprifoliaceae	水红木	*Viburnum cylindricum* Buch.- Ham. ex D. Don
66	忍冬科	Caprifoliaceae	巴东荚蒾	*Viburnum henryi* Hemsl.
67	忍冬科	Caprifoliaceae	蝴蝶戏珠花	*Viburnum plicatum* Thunb. var. *tomentosum* (Thunb.) Miq.
68	忍冬科	Caprifoliaceae	合轴荚蒾	*Viburnum sympodiale* Graebn
69	石竹科	Caryophyllaceae	剪秋罗	*Lychnis fulgens* Fisch.
70	石竹科	Caryophyllaceae	小马桑（金铁锁）	*Psammosilene tunicoides* W. C. Wu et C. Y. Wu
71	卫矛科	Celastraceae	苦皮藤	*Celastrus angulatus* Maxim.
72	卫矛科	Celastraceae	扶芳藤	*Euonymus fortunei* (Turcz.) H.-M.
73	卫矛科	Celastraceae	大花卫矛	*Euonymus grandiflorus* Wall.
74	卫矛科	Celastraceae	西南卫矛	*Euonymus hamiltonianus* Wall. ex Roxb.
75	卫矛科	Celastraceae	石枣子	*Euonymus sanguineus* Loes.
76	三尖杉科	Cephalotaxaceae	篦子三尖杉	*Cephalotaxus oliveri* Mast.
77	菊科	Compositae	台北艾纳香	*Blumea formosana* Kitam.
78	菊科	Compositae	毛华菊	*Chrysanthemum vestitum* (Hemsl.) Stapf
79	菊科	Compositae	抱茎小苦荬	*Ixeridium sonchifolium* (Maxim.) Shih
80	菊科	Compositae	秋分草	*Rhynchospermum verticillatum* Reinw.
81	菊科	Compositae	三角叶风毛菊	*Saussurea deltoidea* (DC.) Sch.-Bip.
82	菊科	Compositae	褐柄合耳菊	*Synotis fulvipes* (Ling) C. Jeffrey et Y. L. Chen
83	菊科	Compositae	红果黄鹌菜	*Youngia erythrocarpa* (Vaniot) Babcock et Stebbins
84	山茱萸科	Cornaceae	斑叶珊瑚	*Aucuba albopunctifolia* Wang

序号	科名	科拉丁名	种名	种拉丁名
85	山茱萸科	Cornaceae	长叶珊瑚	*Aucuba himalaica* Hook.f.et Thoms.var. *dolichophylla* Fang et Soong
86	山茱萸科	Cornaceae	川鄂山茱萸	*Cornus chinense* Wanger.
87	山茱萸科	Cornaceae	中华青荚叶	*Helwingia chinensis* Batal.
88	景天科	Crassulaceae	菱叶红景天	*Rhodiola henryi* (Diels)
89	景天科	Crassulaceae	东南景天	*Sedum alfredii* Hance
90	景天科	Crassulaceae	凹叶大苞景天	*Sedum amplibracteatum* K. T. Fu var. *emarginatum* (S. H. Fu) S. H. Fu
91	景天科	Crassulaceae	小山飘风	*Sedum filipes* Hemsl.
92	景天科	Crassulaceae	绿花石莲	*Sinocrassula indica* (Decne.) Berger var. *viridiflora* K. T. Fu
93	十字花科	Cruciferae	华中碎米荠	*Cardamine urbaniana* O. E. Schulz
94	十字花科	Cruciferae	堇叶碎米荠	*Cardamine violifolia* O. E. Schulz
95	葫芦科	Cucurbitaceae	五柱绞股蓝	*Gynostemma pentagynum* Z. P. Wang
96	葫芦科	Cucurbitaceae	大苞赤瓟	*Thladiantha cordifolia* (Bl.) Cogn.
97	虎皮楠科	Daphniphyllaceae	虎皮楠	*Daphniphyllum oldhami* (Hemsl.) Rosenth.
98	柿科	Ebenaceae	老鸦柿	*Diospyros rhombifolia* Hemsl.
99	杜鹃花科	Ericaceae	耳叶杜鹃	*Rhododendron auriculatum* Hemsl
100	杜鹃花科	Ericaceae	金萼杜鹃	*Rhododendron chrysocalyx* Levl. et Vant.
101	杜鹃花科	Ericaceae	光枝杜鹃	*Rhododendron haofei* Chun et Fang
102	杜鹃花科	Ericaceae	鹿角杜鹃	*Rhododendron latoucheae* Franch.
103	杜鹃花科	Ericaceae	猴头杜鹃	*Rhododendron simiarum* Hance
104	杜鹃花科	Ericaceae	四川杜鹃	*Rhododendron sutchuenense* Franch.
105	杜鹃花科	Ericaceae	天门山杜鹃	*Rhododendron tianmenshanense* C. L. Peng & L. H. Yan
106	杜鹃花科	Ericaceae	张家界杜鹃	*Rhododendron zhangjiajieensis* C. L. Peng etL. H. Yan
107	杜英科	Elaeocarpaceae	仿栗	*Sloanea hemsleyana* (Ito) Rehd. et Wils.
108	大戟科	Euphorbiaceae	雀舌儿头	*Leptopus chinensis* (Bunge) Pojark.
109	大戟科	Euphorbiaceae	苍叶守宫木	*Sauropus garrettii* Craib
110	领春木科	Eupteleaceae	领春木	*Euptelea pleiospermn* Hook.f. et Thoms.
111	壳斗科	Fagaceae	赤皮青冈（红椆）	*Cyclobalanopsis gilva* (BL.) Oerst.
112	壳斗科	Fagaceae	曼青冈	*Cyclobalanopsis oxydon* (Miq.) Oerst.
113	壳斗科	Fagaceae	湘西青冈	*Cyclobalanopsis xiangxiensis* C. J. Qi et Q. Z. Lin
114	壳斗科	Fagaceae	水青冈	*Fagus longipetiolata* Seem.
115	壳斗科	Fagaceae	亮叶水青冈	*Fagus lucida* Rehd. et Wils.
116	壳斗科	Fagaceae	长叶石栎	*Lithocarpus henryi* (Seem.) Rehd. et Wils.
117	壳斗科	Fagaceae	匙叶栎	*Quercus dolicholepis* A. Cam.
118	壳斗科	Fagaceae	巴东栎	*Quercus engleriana* Seem.
119	壳斗科	Fagaceae	乌冈栎	*Quercus phillyraeoides* A. Gray
120	壳斗科	Fagaceae	刺叶栎（刺叶高山栎）	*Quercus spinosa* David ex Franch.
121	大风子科	Flacourtiaceae	山羊角树	*Carrierea calycina* Franch.
122	龙胆科	Gentianaceae	红花龙胆	*Gentiana rhodantha* Franch. ex Hemsl.
123	龙胆科	Gentianaceae	椭圆叶花锚	*Halenia elliptica* D. Don
124	苦苣苔科	Gesneriaceae	直瓣苣苔	*Ancylatemon saxasilia* (Hemsl.) Craib
125	苦苣苔科	Gesneriaceae	大花旋蒴苣苔	*Boea clarkeana* Hemsl.
126	苦苣苔科	Gesneriaceae	粗筒（唇柱）苣苔	*Briggsia kurzii* (C. B. Clarke) W. E. Evans
127	苦苣苔科	Gesneriaceae	革叶粗筒苣苔	*Briggsia mihieri* (Franch.) Craib

序号	科名	科拉丁名	种名	种拉丁名
128	苦苣苔科	Gesneriaceae	蚂蝗七	*Chirita fimbrisepala* Hand.-Mazz.
129	苦苣苔科	Gesneriaceae	粉花唇柱苣苔	*Chirita roseoalba* W. T. Wang
130	苦苣苔科	Gesneriaceae	报春长蒴苣苔（报春长蒴芭苔）	*Didymocarpus sinoprimulinus* W.T.Wang
131	苦苣苔科	Gesneriaceae	纤细半蒴苣苔	*Hemiboea gracilis* Franch.
132	苦苣苔科	Gesneriaceae	条叶吊石苣苔	*Lysionotus pauciflorus* Maxim. var. *linearis* Rehd
133	苦苣苔科	Gesneriaceac	桑植吊石苣苔	*Lysionotus sangzhiensis* W. T. Wang
134	苦苣苔科	Gesneriaceae	长瓣马铃苣苔	*Oreocharis auricula* (S. Moore) Clarke
135	苦苣苔科	Gesneriaceae	石山苣苔	*Petrocodon dealbatus* Hance
136	银杏科	Ginkgoaceae	银杏	*Ginkgo biloba* L.
137	禾本科	Gramineae	大庸酸竹	*Acidosasa dayongensis* Yi
138	禾本科	Gramineae	灰绿玉山竹	*Yushania canoviridis* G. H. Ye
139	藤黄科	Guttiferae	木竹子	*Garcinia multiflora* Champ.ex Benth.
140	藤黄科	Guttiferae	长柱金丝桃	*Hypericum longistylum* Oliv.
141	金缕梅科	Hamamelidaceae	杨梅叶蚊母树	*Distylium myricoides* Hemsl.
142	七叶树科	Hippocastanaceae	天师栗	*Aesculus wilsonii* Rehd.
143	胡桃科	Juglandaceae	青钱柳	*Cyclocarya paliurus* (Batal.) Iljinsk.
144	胡桃科	Juglandaceae	野核桃	*Juglans mandshurica* Maxim.
145	唇形科	Labiatae	粉红动蕊花	*Kinostemon alborubrum* (Hemsl.) C. Y. Wu et S. Chow
146	唇形科	Labiatae	龙头草	*Meehania henryi* (Hemsl.) Sun ex C. Y. Wu
147	唇形科	Labiatae	南方糙苏	*Phlomis umbrosa* Turcz. var. *australis* Hemsl.
148	唇形科	Labiatae	长叶钩子木	*Rostrinucula sinensis* (Hemsl.) C. Y. Wu
149	唇形科	Labiatae	鼠尾草	*Salvia japonica* Thunb.
150	唇形科	Labiatae	长冠鼠尾草（紫参）	*Salvia plectranthoides* Griff.
151	木通科	Lardizabalaceae	三叶木通	*Akebia trifoliata* (Thunb.) Koidz.
152	木通科	Lardizabalaceae	猫儿屎	*Decaisnea insignis* (Griff.) Hook. f. et Thoms.
153	木通科	Lardizabalaceae	黄蜡果（山木瓜）	*Stauntonia cavalerieana* Gagnep.
154	樟科	Lauraceae	红果黄肉楠	*Actinodaphne cupularis* (Hemsl.) Gamble
155	樟科	Lauraceae	少花桂	*Cinnamomum pauciflorum* Nees
156	樟科	Lauraceae	黑壳楠	*Lindera megaphylla* Hemsl.
157	樟科	Lauraceae	宜昌木姜子	*Litsea ichangensis* Gamble
158	樟科	Lauraceae	红皮木姜子	*Litsea pedunculata* (Diels) Yang et P. H. Huang
159	樟科	Lauraceae	宜昌润楠	*Machilus ichangensis* Rehd. et Wils.
160	樟科	Lauraceae	利川润楠	*Machilus lichuanensis* Cheng ex S. Lee
161	樟科	Lauraceae	大叶新木姜子	*Neolitsea levinei* Merr.
162	樟科	Lauraceae	湘楠	*Phoebe hunanensis* Hand.-Mazz.
163	樟科	Lauraceae	楠木（桢楠）	*Phoebe zhennan* S. Lee et F. N. Wei
164	豆科	Leguminosae	杭子梢	*Campylotropis macrocarpa* (Bunge) Rehd.
165	豆科	Leguminosae	常春油（麻）藤	*Mucuna sempervirens* Hemsl.
166	豆科	Leguminosae	花榈木（毛叶红豆树）	*Ormosia henryi* Prain
167	百合科	Liliaceae	茖葱	*Allium victorialis* L.
168	百合科	Liliaceae	竹根七	*Disporopsis fuscopicta* Hance
169	百合科	Liliaceae	少花万寿竹	*Disporum uniflorum* Baker ex S. Moore
170	百合科	Liliaceae	天目贝母	*Fritillaria monantha* Migo
171	百合科	Liliaceae	川百合	*Lilium davidii* Duch. ex Elwes
172	百合科	Liliaceae	绿花百合	*Lilium fargesii* Franch.

序号	科名	科拉丁名	种名	种拉丁名
173	百合科	Liliaceae	湖北百合	*Lilium henryi* Baker
174	百合科	Liliaceae	卷丹	*Lilium lancifolium* Ker Gawl.
175	百合科	Liliaceae	南川百合	*Lilium rosthornii* Diels
176	百合科	Liliaceae	大理百合	*Lilium taliense* Franch.
177	百合科	Liliaceae	金线重楼	*Paris delavayi* Franch.
178	百合科	Liliaceae	球药隔重楼	*Paris fargesii* Franch.
179	百合科	Liliaceae	七叶一枝花	*Paris polyphylla* Sm.
180	百合科	Liliaceae	短梗重楼	*Paris polyphylla* Sm. var. *appendiculata* Hara
181	百合科	Liliaceae	华重楼	*Paris polyphylla* Sm. var. *chinensis* (Franch.) Hara
182	百合科	Liliaceae	宽叶重楼	*Paris polyphylla* Sm. var. *latifolia* Wang et Chang
183	百合科	Liliaceae	狭叶重楼	*Paris polyphylla* Sm.var. *stenophylla* Franch.
184	百合科	Liliaceae	长药隔重楼	*Paris thibetica* Franch.
185	马钱科	Loganiaceae	驳骨丹（白背枫）	*Buddleja asiatica* Lour
186	马钱科	Loganiaceae	密蒙花（炮仗花）	*Buddleja officinalis* Maxim.
187	千屈菜科	Lythraceae	川黔紫薇	*Lagerstroemia excelsa* (Dode) Chun ex S. Lee et L. Lau
188	木兰科	Magnoliaceae	华中八角	*Illicium fargesii* Finet & Gagnep.
189	木兰科	Magnoliaceae	红茴香	*Illicium henryi* Diels
190	木兰科	Magnoliaceae	黑老虎（冷饭团）	*Kadsura coccinea* (Lem.) A.C. Smith
191	木兰科	Magnoliaceae	异形南五味子	*Kadsura heteroclita* (Roxb.) Craib
192	木兰科	Magnoliaceae	南五味子	*Kadsura longipedunculata* Finet et Gagnep.
193	木兰科	Magnoliaceae	鹅掌楸	*Liriodendron chinensis* (Hemsl.) Sarg.
194	木兰科	Magnoliaceae	玉兰	*Magnolia denudata* Desr.
195	木兰科	Magnoliaceae	华中木兰	*Magnolia denudata* Desr. var. *glabrata* Y. L. Wang et S. Z. Zhang
196	木兰科	Magnoliaceae	紫玉兰（辛夷，木笔）	*Magnolia liliflora* Desr.
197	木兰科	Magnoliaceae	厚朴	*Magnolia officinalis* Rehd.et Wils
198	木兰科	Magnoliaceae	武当木兰	*Magnolia sprengeri* Pampan.
199	木兰科	Magnoliaceae	木莲	*Manglietia fordiana* (Hemsl.) Oliv
200	木兰科	Magnoliaceae	巴东木莲	*Manglietia patungensis* Hu
201	木兰科	Magnoliaceae	阔瓣含笑	*Michelia cavaleriei* var. *platypetala* (Handel-Mazzetti) N. H. Xia
202	木兰科	Magnoliaceae	多花含笑	*Michelia floribunda* Finet et Gagn.
203	木兰科	Magnoliaceae	亮叶含笑	*Michelia fulgens* Merr. ex Dandy
204	木兰科	Magnoliaceae	黄心夜合	*Michelia martinii* (Levl.) Levl.
205	木兰科	Magnoliaceae	云山含笑	*Michelia yunshanensis* Law et R. Z. Zhou ined.
206	木兰科	Magnoliaceae	乐东拟单性木兰	*Parakmeria lotungensis* (Chun et C. Tsoong) Law
207	木兰科	Magnoliaceae	凹叶拟单性木兰	*Parakmeria lotungensis* (Chun et C. Tsoong) Law var.
208	木兰科	Magnoliaceae	东亚五味子	*Schisandra elongata* (Bl.) Baill.
209	木兰科	Magnoliaceae	翼梗五味子	*Schisandra henryi* Clarke.
210	桑科	Moraceae	地瓜榕（地果）	*Ficus tikoua* Bur.
211	紫金牛科	Myrsinaceae	朱砂根	*Ardisia crenata* Sims
212	紫金牛科	Myrsinaceae	红凉伞	*Ardisia crenata* Sims var. *bicolor* (Walker) C. Y. Wu et C. Chen
213	紫金牛科	Myrsinaceae	剑叶紫金牛	*Ardisia ensifolia* Walker
214	紫金牛科	Myrsinaceae	紫金牛	*Ardisia japonica* (Thunb.) Blume
215	紫金牛科	Myrsinaceae	湖北杜茎山	*Maesa hupehensis* Rehd.

序号	科名	科拉丁名	种名	种拉丁名
216	紫金牛科	Myrsinaceae	杜茎山	*Maesa japonica* (Thunb.) Moritzi.
217	紫金牛科	Myrsinaceae	铁仔	*Myrsine africana* Linn.
218	紫金牛科	Myrsinaceae	密花树	*Rapanea neriifolia* (Sieb. et Zucc.) Mez
219	蓝果树科	Nyssaceae	珙桐	*Davidia involucrata* Baill.
220	木犀科	Oleaceae	秦连翘	*Forsythia giraldiana* Lingelsh.
221	木犀科	Oleaceae	红柄木犀	*Osmanthus armatus* Diels
222	兰科	Orchidaceae	无柱兰	*Amitostigma gracile* (Bl.) Schltr.
223	兰科	Orchidaceae	西南齿唇兰	*Anoectochilus elwesii* (Clarke ex Hook. f.) King et Pantl.
224	兰科	Orchidaceae	黄花白及（黄花白芨）	*Bletilla ochracea* Schltr.
225	兰科	Orchidaceae	白及（白芨）	*Bletilla striata* (Thunb. ex A. Murray) Rchb. f.
226	兰科	Orchidaceae	短（弧）距虾脊兰	*Calanthe arcuata* Rolfe
227	兰科	Orchidaceae	剑叶虾脊兰	*Calanthe davidii* Franch.
228	兰科	Orchidaceae	银兰	*Cephalanthera erecta* (Thunb. ex A. Murray) Bl.
229	兰科	Orchidaceae	金兰	*Cephalanthera falcata* (Thunb. ex A. Murray) Bl.
230	兰科	Orchidaceae	独花兰	*Changnienia amoena* S. S. Chien
231	兰科	Orchidaceae	台湾吻兰	*Collabium formosanum* Hayata
232	兰科	Orchidaceae	杜鹃兰	*Cremastra appendiculata* (D. Don) Makino
233	兰科	Orchidaceae	蕙兰	*Cymbidium faberi* Rolfe
234	兰科	Orchidaceae	多花兰	*Cymbidium floribundum* Lindl.
235	兰科	Orchidaceae	春兰	*Cymbidium goeringii* (Rchb. f.) Rchb. f.
236	兰科	Orchidaceae	寒兰	*Cymbidium kanran* Makino
237	兰科	Orchidaceae	绿花杓兰	*Cypripedium henryi* Rolfe
238	兰科	Orchidaceae	扇脉杓兰	*Cypripedium japonicum* Thunb.
239	兰科	Orchidaceae	天麻	*Gastrodia elata* Bl.
240	兰科	Orchidaceae	斑叶兰	*Goodyera schlechtendaliana* Rchb. f.
241	兰科	Orchidaceae	毛葶玉凤花	*Habenaria ciliolans* Kraenzl.
242	兰科	Orchidaceae	长唇羊耳蒜	*Liparis dunnii* Rolfe
243	兰科	Orchidaceae	舌唇兰	*Platanthera japonica* (Thunb. ex A. Marray) Lindl.
244	兰科	Orchidaceae	独蒜兰	*Pleione bulbocodioides* (Franch.) Rolfe
245	兰科	Orchidaceae	旗唇兰	*Vexillabium yakushimense* (Yamamoto) F. Maekawa
246	罂粟科	Papaveraceae	小药八旦子	*Corydalis caudata* (Lam.) Pers.
247	松科	Pinaceae	武陵松	*Pinus massoniana* Lamb. var. *wulingensis* C. J. Qi et Q. Z. Lin
248	松科	Pinaceae	黄杉	*Pseudotsuga sinensis* Dode
249	松科	Pinaceae	长苞铁杉	*Tsuga longibracteata* Cheng
250	海桐花科	Pittosporaceae	柄果海桐	*Pittosporum podocarpum* Gagnep.
251	报春花科	Primulaceae	莲叶点地梅	*Androsace henryi* Oliv.
252	报春花科	Primulaceae	宜昌过路黄	*Lysimachia henryi* Hemsl.
253	报春花科	Primulaceae	山萝过路黄	*Lysimachia malampyroides* R. Knuth
254	报春花科	Primulaceae	巴东过路黄	*Lysimachia patungensis* Hand.-Mazz.
255	报春花科	Primulaceae	俯垂粉报春	*Primula nutantiflora* Hemsl.
256	报春花科	Primulaceae	卵叶报春	*Primula ovalifolia* Franch.
257	毛茛科	Ranunculaceae	展毛川鄂乌头	*Aconitum henryi* Pritz. var. *villosum* W. T. Wang
258	毛茛科	Ranunculaceae	鹤峰银莲花（裂苞鹅掌草）	*Anemone flaccida* Fr. Schmidt var. *hofengensis* Wuzhi
259	毛茛科	Ranunculaceae	秋牡丹	*Anemone hupehensis* Lemoine

序号	科名	科拉丁名	种名	种拉丁名
260	毛茛科	Ranunculaceae	大花小木通	*Clematis armandii* Franch. var. *farquhariana* (Rehd et E. H. Wils.) W. T. Wang
261	毛茛科	Ranunculaceae	乌足叶铁线莲	*Clematis finetiana* H. Léve. et Van. var. *pedata* W. T. Wang
262	毛茛科	Ranunculaceae	单叶铁线莲	*Clematis henryi* Oliv.
263	毛茛科	Ranunculaceae	大花绣球藤	*Clematis montana* Buch.-Ham. ex DC. var. *grandiflora* Hook.
264	毛茛科	Ranunculaceae	宽柄铁线莲	*Clematis otophora* Franch. ex Finet et Gagn.
265	毛茛科	Ranunculaceae	华中铁线莲	*Clematis pseudootophpra* M. Y. Fang
266	毛茛科	Ranunculaceae	狭卷萼铁线莲	*Clematis tubolosa* Turcz. var. *ichangensis* (Rehd. et Wils.) W. T. Wang
267	毛茛科	Ranunculaceae	川鄂獐耳细辛	*Hepatica henryi* (Oliv.) Stewa
268	毛茛科	Ranunculaceae	大叶唐松草	*Thalictrum faberi* Ulbr.
269	鼠李科	Rhamnaceae	北枳椇	*Hovenia dulcis* Thunb.
270	鼠李科	Rhamnaceae	多脉猫乳	*Rhamnella martinii* (Levl.) Schneid.
271	蔷薇科	Rosaceae	华中樱	*Cerasus conradinae* (Koehne) Yu et Li
272	蔷薇科	Rosaceae	尾叶樱	*Cerasus dielsiana* (Schneid.) Yu et Li
273	蔷薇科	Rosaceae	大叶早樱	*Cerasus subhirtella* (Miq.) Sok.
274	蔷薇科	Rosaceae	小叶栒子	*Cotoneaster microphyllus* Wall. ex Lindl.
275	蔷薇科	Rosaceae	暗红栒子	*Cotoneaster obscurus* Rehd. et Wils.
276	蔷薇科	Rosaceae	红柄白鹃梅	*Exochorda giraldii* Hesse
277	蔷薇科	Rosaceae	东方草莓	*Fragaria orientalis* Losinsk
278	蔷薇科	Rosaceae	湖北海棠	*Malus hupehensis* (Pamp.) Rehd.
279	蔷薇科	Rosaceae	滇池海棠	*Malus yunnanensis* (Franch.) Schneid.
280	蔷薇科	Rosaceae	垂丝石楠	*Photinia komarovii* (Levl. et Vant.) L. T. Lu et C. L. Li
281	蔷薇科	Rosaceae	翠蓝绣线菊	*Spiraea henryi* Hemsl.
282	蔷薇科	Rosaceae	索溪峪红果树	*Stranvaesia* davidiana Decne. var. *suoxiyuensis* C. L. Peng
283	茜草科	Rubiaceae	四川虎刺	*Damnacanthus officinarum* Huang
284	茜草科	Rubiaceae	狗骨柴	*Diplospora dubia* (Lindl.) Masam.
285	茜草科	Rubiaceae	香果树	*Emmenopterys henryi* Oliv.
286	茜草科	Rubiaceae	野丁香	*Leptodermis potanini* Batalin
287	茜草科	Rubiaceae	鸡仔木	*Sinoadina racemosa* (Sieb. et Zucc.) Ridsd.
288	芸香科	Rutaceae	宜昌橙	*Citrus ichangensis* Swingle
289	檀香科	Santalaceae	檀梨	*Pyrularia edulis* (Wall.) A. DC.
290	无患子科	Sapindaceae	伞花木	*Eurycorymbus cavaleriei* (Levl.) Rehd. et Hand.-Mazz.
291	虎耳草科	Saxifragaceae	常山	*Dichroa febrifuga* Lour.
292	虎耳草科	Saxifragaceae	无毛独根菜	*Oresitrophe rupifraga* Bunge var. *glabrescens* W. T. Wang
293	虎耳草科	Saxifragaceae	鸡眼梅花草	*Parnassia wightiana* Wall. ex Wight et Arn.
294	虎耳草科	Saxifragaceae	扇叶虎耳草	*Saxifraga rufescens* Balf. f. var. *flabellifolia* C. Y. Wu et J. T. Pan
295	玄参科	Scrophulariaceae	呆白菜	*Triaenophora rupestris* (Hemsl.) Soler.
296	玄参科	Scrophulariaceae	华中婆婆纳	*Veronica henryi* Yamazaki
297	省沽油科	Staphyleaceae	膀胱果	*Staphylea holocarpa* Hemsl.
298	省沽油科	Staphyleaceae	硬毛山香圆	*Turpinia affinis* Merr. et Perry

序号	科名	科拉丁名	种名	种拉丁名
299	百部科	Stemonaceae	大百部	*Stemona tuberosa* Lour.
300	梧桐科	Sterculiaceae	瑶山梭罗树	*Reevesia glaucophylla* Hsue
301	安息香科	Styracaceae	长果秤锤树	*Sinojackia dolichocarpa* C. J. Qi
302	安息香科	Styracaceae	老鸹铃	*Styrax hemsleyanus* Diels
303	山矾科	Symplocaceae	光叶山矾	*Symplocos lancifolia* Sieb. et Zucc.
304	红豆杉科	Taxaceae	白豆杉	*Pseudotaxus chienii* (Cheng) Cheng
305	红豆杉科	Taxaceac	红豆杉	*Taxus wallichiana* Zucc. var. *chinensis* (Pilg.) Florin
306	红豆杉科	Taxaceae	巴山榧树	*Torreya fargesii* Franch.
307	水青树科	Tetracentraceae	水青树	*Tetracentron sinense* Oliv.
308	山茶科	Theaceae	杨桐	*Adinandra millettii* (Hook. et Arn.) Benth. et Hook. f. ex Hance
309	山茶科	Theaceae	西南红山茶	*Camellia pitardii* Coh.
310	山茶科	Theaceae	西南白山茶	*Camellia pitardii* Cohen-Stuart var. *alba* Chang
311	山茶科	Theaceae	厚叶红淡比	*Cleyera pachyphylla* Chun ex H.T. Chang
312	山茶科	Theaceae	格药柃	*Eurya muricata* Dunn
313	山茶科	Theaceae	四角柃	*Eurya tetragonoclada* Merr. et Chun
314	山茶科	Theaceae	小花木荷	*Schima parviflora* Cheng et Chang ex Chang
315	瑞香科	Thymelaeaceae	尖瓣瑞香	*Daphne acutiloba* Rehd.
316	瑞香科	Thymelaeaceae	城口荛花	*Wikstroemia fargesii* (Lecomte) Domke
317	椴树科	Tiliaceae	桑植椴	*Tilia oblongifolia* Rehd. var. *sangzhiensis* B. R. Liao et W. X. Wang
318	鞘柄木科	Toricelliaceae	有齿鞘柄木	*Toricellia angulata* Oliv. var. *intermedia* (Harms ex Diels) Hu
319	榆科	Ulmaceae	大叶榉	*Zelkova schneideriana* Hand.-Mazz.
320	榆科	Ulmaceae	榉树	*Zelkova serrata* (Thunb.) Makino
321	伞形科	Umbelliferae	重齿当归	*Angelica biserrata* (Shan et Yuan) Yuan et Shan
322	伞形科	Umbelliferae	大叶柴胡	*Bupleurum longiradiatum* Turcz.
323	伞形科	Umbelliferae	藁本	*Ligusticum sinense* Oliv.
324	伞形科	Umbelliferae	羌活	*Notopterygium incisum* Ting ex H. T. Chang
325	伞形科	Umbelliferae	囊瓣芹	*Pternopetalum davidii* Franch.
326	荨麻科	Urticaceae	海岛苎麻	*Boehmeria formosana* Hayata
327	荨麻科	Urticaceae	楼梯草	*Elatostema involucratum* Franch. et sav.
328	荨麻科	Urticaceae	珠芽艾麻	*Laportea bulbifera* (Sieb. et Zucc.) Wedd.
329	荨麻科	Urticaceae	华中冷水花	*Pilea angulata* (Bl.) Bl. subsp. *latiuscula* C.J.Chen
330	马鞭草科	Verbenaceae	广东紫珠	*Callicarpa kwangtungensis* Chun
331	堇菜科	Violaceae	小尖堇菜	*Viola mucronulifera* Hand.-Mazz.

中文名索引

拉丁名索引